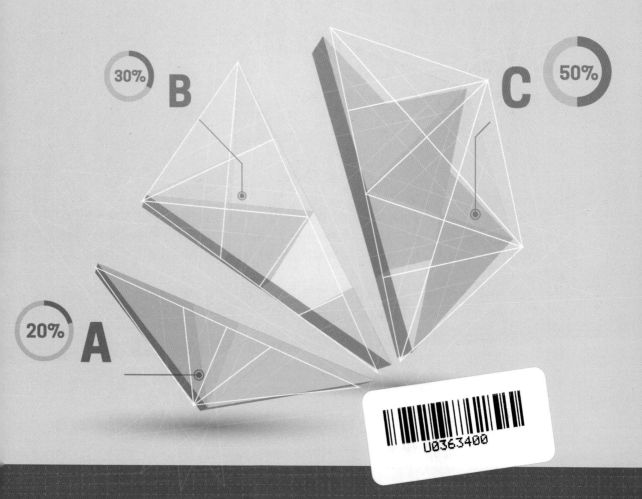

人人都是 数据分析师

微软Power BI实践指南

宋立桓 沈云 编著

人民邮电出版社

北京

图书在版编目（ＣＩＰ）数据

人人都是数据分析师：微软Power BI实践指南 / 宋立桓，沈云编著. -- 北京：人民邮电出版社，2018.8
ISBN 978-7-115-48650-9

Ⅰ．①人… Ⅱ．①宋… ②沈… Ⅲ．①可视化软件—数据分析 Ⅳ．①TP317.3

中国版本图书馆CIP数据核字(2018)第125496号

内 容 提 要

本书详细介绍了微软最新发布的自助式商业智能分析软件 Power BI 在数据整理、数据建模、数据可视化、报表分享和协作、本地部署等多个方面的内容。在讲解技术的同时，书中添加了丰富的实战演示操作和地产、零售、生产制造、互联网等行业的真实案例，帮助读者快速上手，迅速成长为数据分析师。

本书内容全面，讲解详细；深入浅出，图文并茂；面向行业，案例丰富。本书既可供从事数据分析的研究人员参考使用，也可作为微软 Power BI 软件培训和自学的教程。

◆ 编　　著　宋立桓　沈 云
　　责任编辑　王峰松
　　责任印制　焦志炜

◆ 人民邮电出版社出版发行　　北京市丰台区成寿寺路 11 号
　　邮编　100164　　电子邮件　315@ptpress.com.cn
　　网址　http://www.ptpress.com.cn
　　北京市雅迪彩色印刷有限公司印刷

◆ 开本：787×1092　1/16
　　印张：14.75
　　字数：363 千字　　　　　　　　　2018 年 8 月第 1 版
　　印数：1 – 2 500 册　　　　　　　2018 年 8 月北京第 1 次印刷

定价：79.00 元

读者服务热线：**(010)81055410**　印装质量热线：**(010)81055316**
反盗版热线：**(010)81055315**
广告经营许可证：京东工商广登字 20170147 号

推荐序一

　　十几年前，公司获取页式的报表还是一个不怎么令人愉快的体验。特别是一个定制化的报表或者不在计划内的报表数据，你都必须仰仗 IT 部门的施恩和帮忙，而创建个人交互式的分析报表更是一种奢望。Excel 的出现为企业的数据分析带来了巨大的改变，然而还是不足以改变企业的数据使用习惯。很多企业发现，人们之前预想的让数据带来的变革并没有发生，或进展缓慢。而其中一个主要的原因是，对于数据文化的建立、变革的驱动，企业中的每个人都必须参与其中，而不仅是少数 IT 人士和专业的数据分析师。

　　微软在 2015 年推出的 Power BI，正在演变成为企业数据变革强大的助力。Power BI 被定位为自助式、交互型数据分析工具，不仅仅带来了数据可视化之美，它改变的是个人和团队在数据协作中的工作流程，这是一个不同以往的巨大变化。从在本地客户端制作报表开始，到上传至 Power BI 云服务，创建仪表板和内容包，在企业内部和所有移动设备中自动同步，远程使用手机也能即时得到企业信息的快速见解。这种效率和工作方式在过去是无法做到的。

　　本书的作者都是我深为熟悉的 BI 领域的专家。这本书完美结合 Power BI 的理论与设计应用，由浅入深，结合作者在许多实际项目中的实施经验，对功能和设计进行介绍。这本书的编排图文并茂，大量使用图表来帮助读者理解，而循序渐进的步骤与详尽的说明，可以帮助大家在短时间掌握使用 Power BI 的技巧，从而实现作者阐述的"人人都是数据分析师"的愿景。

微软中国数据和 AI 产品经理　林默

推荐序二

我和宋立桓老师认识十年有余，我们初次相识时，我是安踏体育公司信息中心的高级经理，他从事微软全系列产品的售前技术解决方案的架构规划和技术顾问工作，在微软公司承担过 TSP、ATS、PTS 多种职责。我们多有接触和沟通。随后宋老师就专注研究大数据、云计算和商务智能在企业中的应用。

2017 年，我所在的公司决定转型，实施以数字化、智能化驱动品牌升级的战略。我们全面引进了微软的商务智能解决方案。在项目的实施过程中，我们同微软的合作伙伴制定了详细的项目目标和业务愿景，经过 6 个月激烈的讨论和思想碰撞，成功地实施了业务决策系统，并赋能业务运营。

通过和微软 Power BI 项目团队的合作，我们的信息中心实现华丽转身，从 IT 职能型转为赋能业务决策型（即 IT 数据化、数据规范业务化、业务决策化、决策前瞻化）。这些成就来源于企业团队的合作，以及微软伙伴的专业技术和对业务的深刻洞察。

喜闻宋老师和微软工程师沈云一起合作，将自己对微软产品的研究精华和项目的实践经验编著成《人人都是数据分析师：微软 Power BI 实践指南》一书，并邀我作序，我只能以浅陋之见叙之。

我认为微软 Power BI 是一套商业智能分析工具，用于在组织中提供见解。该工具可连接数百个数据源，简化数据准备并提供即席分析；生成漂亮的报表并进行发布，供组织在 Web 和移动设备上使用。利用此工具，每个人都可根据自己的需要创建个性化仪表板，获取针对其业务的全方位的独特见解。

对于分析师来说，它能将数据快速转化为见解，并付诸实践和决策；且能够在几分钟之内连接数百个数据源，轻松准备数据从而创建美观的报表。

对于企业用户来说，它能够始终确保用户获悉最新信息，比如在 Web 或手机上查看仪表板，在数据更改时收到警报，以及钻取详细信息，让数据触手可及。

对于 IT 人员来说，它能简化管理，实现合规性并保持数据安全，同时让用户能够访问其所需的见解。

对于应用开发人员来说，它能够轻松嵌入交互式可视化效果，并提供精彩报表，保真度高，不受设备限制，使数据为应用注入了生命力。

《人人都是数据分析师：微软 Power BI 实践指南》是一本不可多得的上手指导读物，其一步步指引教学的方式、浅显易懂的阐述、数据可视化的指导，对我们工作技能的提高必有助益！

欣贺股份有限公司信息总监　李宏阳

推荐序三

因为工作的关系，我对大数据和商业智能 BI 比一般人多一些研究和思考。但我和大家一样，几乎于同一时间、不可逆转地置身于大数据时代中。未来，就是数据的世界。数据是这个世界的底层语言。数据给了我们很多想象空间，也给了我们一个契机去思考。当数据分析与数据挖掘正在重塑认知世界的方法时，我们该如何转变？

先谈谈个人层面的转变路径。我们可以从 3 个方面去思考和转变：思维层面、技能层面和工具层面。

（1）思维层面。认知能力是一个人的底层竞争优势，所以我们要不断更新自己的思维模式。在思维层面，我们可以参阅并学习舍恩伯格《大数据时代》的 3 个观点：数据样本更注重全样而非抽样；分析结果更注重效率而非精确；逻辑关系更注重相关而非因果。

（2）技能层面。大数据的分析应用能力迟早会成为每一个岗位胜任力模型中不可或缺的一个关键项。不管你是否是数据分析师，我们都得与数据打交道。谁能更好地理解数据、更快地分析数据，谁就有机会在竞争中脱颖而出。宋立桓老师作为国内资深的微软最有价值专家（MVP），和沈云合作撰写的《人人都是数据分析师：微软 Power BI 实践指南》，是我看到的关于微软数据可视化技术的最好著作。不管是对于数据分析领域的技术顾问，还是对于数据分析师、数据工程师等专业人员，或是对于业务部门的用户，这都是一本不可多得的好书。这本书采用循序渐进的方式，很适合想学习微软 BI 应用技术的广大业务部门分析人员，因为 BI 的最终使用者正是业务人员，这就是所谓人人 BI，人人都是数据分析师。

（3）工具层面。有人的地方，就有江湖。大数据领域的可视化分析工具也是如此。作为大数据可视化方面非常出色的工具，个人觉得 Power BI 就像"倚天剑"，而 Tableau 更像"屠龙刀"。我个人更偏爱剑，认为使剑的人有种飘逸空灵的感觉。微软的 Power BI 强调让你更自如地做业务的自助分析和全员分析，不管你从事哪种行业、承担什么职能、扮演何种角色，只要在使用数据，Power BI 这柄倚天神剑总能为你提供非常大的帮助。

再谈谈组织层面的转变路径。我认为不管是企业、事业单位，还是政府部门，都很有可能成为 Power BI 的杰出应用者或最佳实践者。一个组织要想在数据应用方面持续成功，必须在数据驱动型组织转型的目标下，以持续构建分析竞争优势为战略，组织一系列的策略性行动方案，来完成组织的升级和迭代。我认为快速导入 Power BI，只是我们用数据分析与数据挖掘来重塑认知商业世界本质的战略行为群中的一个关键行动方案，除此之外，我们还应该尝试搭建一个数据应用的完整团队和一系列组织能力优化的培训行为，以及一系列持续优化业务与数据融合的嵌入式分析的行动方案。关于如何成功导入 Power BI，我再提两个建议：（1）让专业的人做专业的事；（2）自己掌握一套被实践验证过的 Power BI 导入的方法论。

最后，在我看来：时代，给了我们一个大数据的江湖；微软，就是锻造 Power BI 这柄倚天剑的铸剑师；这本《人人都是数据分析师：微软 Power BI 实践指南》，就是"独孤九剑"的绝世剑谱。

我们在等谁呢？等你，他日江湖中的侠客。这本剑谱，送给你。从今天起，做一个会使用世界级数据可视化分析工具的侠客吧！

深圳前海慧眼大数据技术有限公司联合创始人　赵子昂

推荐序四

　　微软 Power BI 系列产品是我从事数据工作以来遇到的最令人兴奋的商业智能工具，没有之一！在大数据越来越受到重视、信息化越来越普及的今天，作为一款无须专业的技术背景就能快速上手的 BI 工具，一个经过简单学习就能实现商业数据可视化的工具，不得不说，微软 Power BI 是未来几年内最值得关注的一款数据分析黑科技产品。

　　Power BI 曾展现给我无数的惊喜，从拖拖拽拽就能生成的高颜值可视化报表，到可人机交互的智能问答；从快速将海量的数据源建立起清晰的关系视图，到只需一键刷新就能完成过去大半天时间才能做完的工作。今天，当你打开这本书时，这些惊喜就将应接不暇地展现在你的面前。

　　之所以推荐微软最有价值专家宋立桓老师和沈云的这本著作，是因为我们在 Power BI 技术方面的理念如此相近，所谓"志同道合，便能引其类"。Power BI 的强大和易用性，让我们曾经久久地钻研其中，一边学习、一边将我们的知识和经验分享给大家，分享给每一位愿意坚持学习、主动学习、乐于钻研、共同进步的朋友。

　　学习是一个多方位体验的过程。看书是一种学习，听讲座是一种学习，上网查资料是一种学习，向有经验的前辈学习他们的工作方法也是一种学习。如果你也是从事数据相关工作，天天与 Excel 为伴，那么希望你快来了解全新的微软 Power BI 产品。

　　古人常说："工欲善其事，必先利其器。"读完此书之后，你将体验到新工具带来的生产力变革。当你在数字的领域徜徉之时，突然出现一本江湖秘籍能让你经过闭关修炼之后站在"江湖之巅"，不知你是否会立刻捧起细细品读呢？

PowerPivot 工坊创始人　赵文超

推荐序五

　　在我从事 BI 行业市场推广的近 10 年时间里，我有幸经历了敏捷和自助式商业智能软件在中国从无到有并蓬勃发展的整个过程。在这个过程里，IT 部门和业务部门在 BI 系统建设中的角色发生了巨大变化。IT 部门从报表提供者变成了赋能者，越来越专注于数据集成和数据质量。业务部门被赋予更多的能力，从被动的报表接受者变成了数据的主动使用者，公司、组织和个人越来越多在进行自助式的数据探索和数据分析所带来的业务创新。所有的这些变化，都是由近些年来敏捷 BI 工具的盛行所带来的。微软的 Power BI 就是其中的杰出代表。

　　Power BI 近几年一直被 Gartner 放在数据可视化工具的第一象限，并且每年都有很大的进步。基于微软在 Office 产品和市场上的成功，以及强大的研发和前瞻能力，我们有理由相信在后续的 Power BI 产品中，能看到更多有益于用户使用的功能和改进，也会有越来越多的用户去部署和使用 Power BI 产品。

　　一个好产品的推广，离不开一个完整和繁荣的生态系统。Power BI 在中国刚刚起步，需要很多用户和粉丝一起营造一个好的氛围和生态，让新加入者能快速地找到所需要的资源。资深的微软最有价值专家宋立桓先生，是一位难能可贵的贡献者和分享者。我认识宋立桓先生时间很短，但是他对微软 Power BI 的独到见解和激情给我留下很深的印象。

　　用好一个产品，离不开一个好的教材和引路者，希望《人人都是数据分析师：微软 Power BI 实践指南》这本书能担当起这个重任。最后祝本书大卖。

上海亦策软件科技有限公司总经理　邓强勇

前　言

　　马云说过："我们现在正从 IT（Information Technology，信息科技）时代走向 DT（Data Technology，数据科技）时代。"这个时代给我们带来很多的机会，数据分析的门槛会逐渐降低，数据分析就像开车，将成为未来必备的技能。

　　数据分析工作常常是枯燥的。微软 Power BI 这个逆天神器开启了数据生活之旅，打开 Power BI，你立马就能上手进行数据分析。Power BI 让枯燥的数据以友好的图表展示出来。一幅图胜过千言万语，快乐地完成有价值的交互式数据分析，这就是 Power BI 倡导的"bring your data to life！"（将数据带进生活）。

　　我本人一直从事云计算、大数据方面的工作，大数据处理的最后一环恰恰是数据可视化。微软 Power BI 这个人人都能使用的业务分析工具横空出世，宣告了人人都是数据分析师的时代已经到来。这就是商业智能 BI 从 IT 为导向的时代转变为以业务为导向的时代，这就是我们提倡的自助式商务智能（Self-Service BI）大行其道的时代。

　　怎样才能在技术的浪潮中不被淹没？我们只有坚持学习，通过"涨知识"来实现对知识的变现，这是自我价值体现的最根本的途径。所以我和好友——微软资深工程师沈云一起合作写了这本书，并邀请微软公司产品经理、优秀的 CIO、资深职业经理人、社区大 V 等人为本书作序。本书特色是内容全面，讲解详细，深入浅出，面向企业实战应用。

　　为便于读者动手实践，本书提供详细的案例资源文件，读者可到作者的博客（http://blog.51cto.com/lihuansong）下载。本书中的所有截图都是微软 Power BI Desktop 制作可视化图表的真实结果。 由于地区习惯的差异，英语数字单位以 3 位为一个分割，到目前为止，微软 Power BI Desktop 软件显示单位仍然是 thousand（千）、million（百万）、billion（十亿）。因为 Power BI Desktop 软件还没有中式单位，所以一万写作"十千"，十万写作"百千"，这对于习惯了以 4 位为一个分割的中国用户来讲，确实非常不便。我们也向微软产品组反馈了这个情况，后续软件开发中会考虑增加中式单位这一需求。同时为了保证作图的客观真实，书中的图表的显示单位还是保持原状，还请读者能够理解。

　　欢迎读者发邮件和作者互动，宋立桓的邮箱是 songlihuan@hotmail.com，沈云的邮箱是 maxcloud@outlook.com。另外，也欢迎读者访问微软 Power BI 官方网站 https://powerbi.microsoft.com/zh-cn/，获得最新的资讯。

致谢

　　感谢我的妻子，她是我完成本书的坚强后盾。

感谢我的朋友、公司和微软的同事，他们让我学会知识的增值和变现。

感谢赵文超和高飞，这两位 Power BI 社区大 V，对本书提供宝贵的参考意见和强力的支持。

感谢慧眼大数据公司的黄成果、詹佳驹，他们提供了地产行业微软 Power BI 案例分享。

感谢菲斯科（上海）软件有限公司的储成宇、梁雪梅、朱蓉，他们提供了零售快消行业微软 Power BI 案例分享。

感谢北京上北智信科技有限公司的赵亚芳、罗彬，他们提供了生产制造业微软 Power BI 案例分享。

感谢人民邮电出版社的编辑王峰松老师帮助我出版了这本有意义的著作。

阿基米德有一句名言："给我一个支点，我就能撬起地球。"谨以此书，献给那些为大数据与商业智能分析铺路的人，让更多的人享受到大数据时代带来的红利。

宋立桓

微软最有价值专家（MVP）

云计算、大数据咨询顾问

资源与支持

本书由异步社区出品，社区（https://www.epubit.com/）为您提供相关资源和后续服务。

配套资源

本书提供如下资源：

- 本书彩图文件。

要获得以上配套资源，请在异步社区本书页面中点击 `配套资源` ，跳转到下载界面，按提示进行操作即可。注意：为保证购书读者的权益，该操作会给出相关提示，要求输入提取码进行验证。

提交勘误

作者和编辑尽最大努力来确保书中内容的准确性，但难免会存在疏漏。欢迎您将发现的问题反馈给我们，帮助我们提升图书的质量。

当您发现错误时，请登录异步社区，按书名搜索，进入本书页面，点击"提交勘误"，输入勘误信息，点击"提交"按钮即可。本书的作者和编辑会对您提交的勘误进行审核，确认并接受后，您将获赠异步社区的 100 积分。积分可用于在异步社区兑换优惠券、样书或奖品。

扫码关注本书

扫描下方二维码，您将会在异步社区微信服务号中看到本书信息及相关的服务提示。

与我们联系

我们的联系邮箱是 contact@epubit.com.cn。

如果您对本书有任何疑问或建议，请您发邮件给我们，并请在邮件标题中注明本书书名，以便我们更高效地做出反馈。

如果您有兴趣出版图书、录制教学视频，或者参与图书翻译、技术审校等工作，可以发邮件给我们；有意出版图书的作者也可以到异步社区在线提交投稿（直接访问 www.epubit.com/selfpublish/submission 即可）。

如果您是学校、培训机构或企业，想批量购买本书或异步社区出版的其他图书，也可以发邮件给我们。

如果您在网上发现有针对异步社区出品图书的各种形式的盗版行为，包括对图书全部或部分内容的非授权传播，请您将怀疑有侵权行为的链接发邮件给我们。您的这一举动是对作者权益的保护，也是我们持续为您提供有价值的内容的动力之源。

关于异步社区和异步图书

"异步社区"是人民邮电出版社旗下 IT 专业图书社区，致力于出版精品 IT 技术图书和相关学习产品，为作译者提供优质出版服务。异步社区创办于 2015 年 8 月，提供大量精品 IT 技术图书和电子书，以及高品质技术文章和视频课程。更多详情请访问异步社区官网 https://www.epubit.com。

"异步图书"是由异步社区编辑团队策划出版的精品 IT 专业图书的品牌，依托于人民邮电出版社近 30 年的计算机图书出版积累和专业编辑团队，相关图书在封面上印有异步图书的 LOGO。异步图书的出版领域包括软件开发、大数据、AI、测试、前端、网络技术等。

异步社区

微信服务号

目　录

第1章 微软 Power BI 概览

在国际著名咨询机构 Gartner 2017 年发布的《商业智能和分析平台魔力象限》（Magic Quadrant for BI and Analytics Platforms）年度报告中，微软连续第十年入选，并连续迈进领导者象限。Gartner 的魔力象限以二维模型来阐述各个厂商的实力与差异，基于两个分析指标方向，如图 1-1 所示。

图1-1

横轴表示前瞻性（Completeness of Vision）即愿景：包括厂商拥有的产品底层技术基础的能力、市场领导能力、创新能力和外部投资能力等。

纵轴表示执行能力（Ability to Execute）即落实和实施的能力：包括产品的使用难度、市场服务的完善程度和技术支持能力、管理团队的经验和能力等。

从 Gartner 的报告中，我们可以看到商业智能（BI）市场已经到达了一个转折点，并且是一个根本性的转变。传统的重型数据库服务商 BI 产品的代表 Oracle、IBM、SAP 统统移出领导者（Leaders）象限，Oracle 甚至已经被移除出 2016 年的魔力象限。这说明了市场的需求越来越多的是倾向于"可视化和自助式分析"这个主题，并从过去集中的 IT 组织自上而下的 BI 平台，转向由业务部门主导的自助式 BI 分析以及数据可视化。

微软凭借其 Power BI 的创新获得了 Gartner 的认可。微软 Power BI 在产品愿景和执行能力方面都取得了显著增长，并且在 PCMag.com 自助式 BI 工具综合评选中赢得"编辑的选择"奖项。更为重要的是，Power BI 实现了一项重大目标：BI 大众化，BI 人人可用。微软不仅希望 BI 成为企业的标配，而且能为每个人所用，即人人都是数据分析师。

市面上那么多老牌的 BI 工具，如 Oracle、BO、Hyperion，为何微软 Power BI 独受青睐且被重点推荐？究竟 Power BI 是什么样的 BI 呢？本书将一一为你阐述。

1.1　数据可视化和自助式 BI

1.1.1　数据可视化之美

数据可视化是这两年大数据热潮中的时髦概念。数据可视化是指将数据以视觉形式来呈现，如图表或地图，以帮助人们了解这些数据的意义。实际上，数据可视化古已有之，关于"数据化运营"和"可视化管理"的理念几乎贯穿了整个近代西方经济和文明的崛起历程。很多时候，一些有上百年历史的手绘数据可视化分析图表让今天的数据分析师们也为之拍案叫绝。

数据可视化不仅能让我们更好地理解这个世界，也推进了人类文明的发展，其中两个广为人知的例子就是伦敦霍乱地图和南丁格尔玫瑰图。

伦敦霍乱地图

1854 年，伦敦爆发霍乱，短时间内数百人因之丧命。那时候人们没有细菌的概念，当时流行的观点是霍乱通过空气传播。一个叫约翰·斯诺的医生对此表示怀疑，他认为更大的可能是水里有毒。于是，约翰·斯诺医生收集了大量死者的死亡位置数据，并发挥了数据可视化的优势，把所有的数据点都投射到伦敦的地图之上；另外，他把伦敦的 7 个主要水泵的位置也标了上去，如图 1-2 所示。

数据视觉化会让一些原本扑朔迷离的事情瞬间变得明白异常。约翰·斯诺注意到大量死者密布在布罗德街水泵周围。他还注意到有些住户却无人死亡，这些人都在酿酒厂里打工，而酿酒厂为他们提供免费啤酒，因此他们没有喝水泵抽上来的水。还有些死者不在布罗德街水泵附近，他们是从那里搬来的，特别喜欢那里的水，每天从布罗德街的水泵打水后运到家里来。喝了这种水的人，都得了霍乱而死去，证实这种被污染了的水携带有病菌。约翰·斯诺医生通知政府拆掉布德罗街的那个水泵，建议所有水源都要经过检验。之后疫情立马就得到了控制，万千苍生得以幸免。在这个例子中，任何方法可能都不如将数据可视化，虽然约翰·斯诺并没有发现霍乱病的病原体，但创造性地将数据信息通过地图可视化呈现，从而查找到传染源，并以此证明了这种方法的价值。

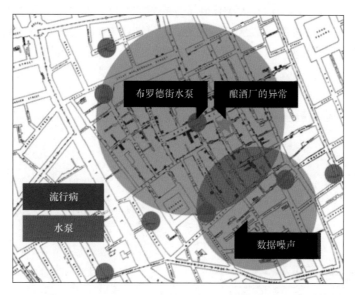

图1-2

南丁格尔玫瑰图（极区图）

说到南丁格尔玫瑰图，这里有着一段"敬畏生命"的历史。弗罗伦斯·南丁格尔被称为"现代护理业之母"，5月12日"国际护士节"就是为了纪念她。19世纪50年代，英国、法国、土耳其和俄国进行了"克里米亚战争"，英国的战地战士死亡率高达42%。南丁格尔主动申请，自愿担任战地护士。她率领几十名护士抵达前线，在战地医院服务，对伤病员进行认真的护理。每个夜晚，她都手执风灯巡视，伤病员们都称她为"提灯女神"。

南丁格尔认为统计资料有助于改进医疗护理的方法和措施，出于对资料统计的结果会不受人重视的忧虑，她创建出一种色彩缤纷的图表形式，能够让数据给人的印象更加深刻，这就是最为著名的极区图，也叫南丁格尔玫瑰图，如图1-3所示。这张图描述了1854年4月～1856年3月期间士兵的死亡情况，左图是1855年4月～1856年3月，右图是1854年4月～1855年3月，并用红、蓝、黑3种颜色代表3种不同情况，红色代表战场阵亡，蓝色代表可预防和可缓解的疾病因治疗不及时造成死亡，黑色代表其他死亡。图表各个扇区角度相同，用半径及扇区面积来表示死亡人数，从图中可以非常清楚地看出每个月因各种原因死亡的人数。显然，1854年～1855年，因医疗条件而造成的死亡人数远远大于战场阵亡的人数。

南丁格尔玫瑰图打动了当时的高层，包括军方人士和维多利亚女王本人。于是医事改良的提案得到支持，增加了战地医院，改善了军队医院的条件，为挽救士兵生命做出巨大贡献。

南丁格尔玫瑰图和斯诺的霍乱地图，充分说明了数据可视化的价值。这些数据可视化图表强大而美观，从很大程度上改变了人类思考的方式。

Power BI可以说是目前市场上很火的数据可视化技术，它是微软官方推出的用于分析数据和共享见解的一套可视化业务分析工具。

下面举例说明。在美国微软公司总部展示的美国气象数据可视化系统中，通过触控大屏，

Power BI 将枯燥的龙卷风数据系统而立体地展现在众人面前。Power BI 通过先进的数据搜集和分析技术，对过去 40 年间美国 4 万多次的龙卷风进行了汇总。密密麻麻的点每个都分别代表了一个龙卷风，而每个点的颜色和大小代表了龙卷风的强度。通过将不同的点叠加，就可以知道一段时间内某个地区的龙卷风数量。柱状图的高度则代表了该地龙卷风的频率，这样就可以很直观地看出哪个地区的龙卷风强度最大，而哪些地区鲜有龙卷风光顾。轻轻一点，全年的数据还会按照月份进行归类和汇总。

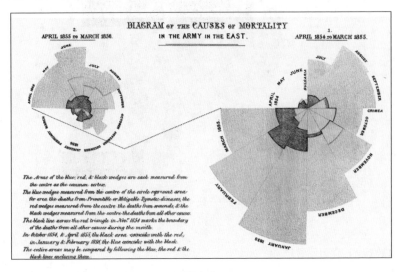

图1-3

Power BI 的可视化报表在 3 ～ 5 分钟就能达到大部分客户在颜值上的要求，更重要的是通过数据可视化将数据价值直观呈现，把数据变成了一道可用眼睛来探索的风景线，并将隐藏在数据背后的、特别重要的信息以讲故事的方式分享给用户。

微软还举办"Power BI 可视化大赛"。选手以个人名义参赛，可尽情发挥想象力，进行 Power BI 的创意可视化展现，赢取 Surface Book、Surface Pro、Xbox One 等奖品，如图 1-4 所示。

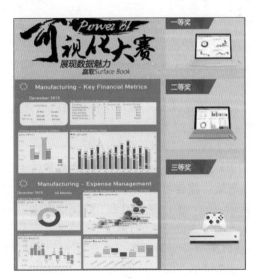

图1-4

"Power BI 可视化大赛"有助于为企业业务人员提高数据分析的技能,培养企业"数据文化",使得人人都是数据分析师。可以这么说,微软 Power BI 是数据可视化利器,它赋予每一个人洞察数据的能力。

1.1.2 传统 BI 与自助式 BI

BI 即商业智能,泛指用于业务分析的技术和工具,通过获取、处理原始数据,产出对商业行为有价值的洞察。

传统 BI 通常指企业内部大而全的统一报表或分析平台,有代表性的老牌 BI 工具厂商如 Oracle 的 H、SAP 的 BO 等均包含丰富的功能模块,比较适合于打造一体化的大而全的统一平台。传统 BI 产品面向的是有 IT 技术背景的人员(他们多集中在企业的技术部门),部署开发的周期非常长。传统 BI 场景下,IT 往往成为很繁重的报表中心。报表多为固定格式,不但分析非常不灵活,并且及时性上也无法满足业务部门的需求。

自助式 BI 面向的是不具备 IT 背景的业务分析人员,与传统 BI 相比更灵活且更易于使用,并从"IT 部门主导的报表模式"转向"业务部门主导的自助分析模式"。举个例子,当我们在面对一个个具体的业务问题时,例如:什么原因导致了销售额下降,毛利太低可能是哪些因素造成的等,这类问题是商业智能探索的核心,解决它们不仅仅需要提供一个数字,还需要解释数字背后的商业原因。在自助 BI 的帮助下,业务人员可以凭借自己的业务专业知识,对各种可能的情况进行探索,最终得出结论。如果按照传统 BI 的方式,业务部门向 IT 部门提出数据或分析需求,然后由技术人员实现,解决问题的时间可能延长到数周甚至数月。

Power BI 属于自助式 BI 分析工具,不是单纯的数据可视化软件,它整合了 ETL 数据清洗、数据建模和数据可视化的功能。自助式 BI 很容易上手,能减轻 IT 部门的负担,让业务人员接手数据分析,使数据分析与业务结合更密切,分析更精准。

1.2 微软 Power BI 是什么

微软 Power BI 的前身可以追溯到 PowerPivot for Excel 2010/2013。当年微软开发出的 PowerPivot 引擎被称为 xVelocity 分析引擎,它是一个列式存储的内存数据库。PowerPivot 将自助式商务智能引入每个员工的桌面,使得原先使用 Excel 数据透视表的业务分析人员能够执行更复杂的数据分析,它是数据分析的一场真正革命。到 Excel2013 的时候,Power View 交互式报表、Power Map 三维地图和负责抓取整理数据的 Power Query 一起出现,Power BI 家族的成员增加到了 4 位。Power BI Desktop 则整合了前面 4 个插件,成为真正意义上的 Self-Service 自助式 BI 分析工具和数据可视化神器。它使最终用户在无须 BI 技术人员介入的情况下,只需要掌握简单的工具就能快速上手商业数据分析及数据可视化,实现了全员 BI、人人 BI 的理念。

Power BI 是微软官方推出的一个让非数据分析人员也能做到有效地整合企业数据,并快速准确地提供商业智能分析的数据可视化神器和自助式 BI 分析工具,如图 1-5 所示。

微软 Power BI 既是员工的个人报表和数据可视化工具,还可用作项目组、部门或整个企业背后的分析和决策引擎。

图1-5

1.3　Power BI组成部分

　　Power BI 包含 Windows 桌面端应用程序（Power BI Desktop）、云端在线应用（SaaS）——Power BI 服务（Power BI Service）以及移动端 Power BI App（可在 Windows 手机和平板电脑，以及 iOS 和 Android 设备上使用），如图 1-6 所示。

图1-6

　　使用 Power BI 的方式取决于你在项目中的角色，不同角色的人可能以不同方式使用 Power BI。例如处理数据、生成业务报表的数据分析师主要使用 Power BI Desktop 制作报表，并将报表发布到 Power BI Service。部门主管可以用浏览器或在手机上使用 Power BI mobile 查看报表，在数据更改时收到警报，实时掌握业务状况。

　　Power BI Desktop 在微软官网上（https://powerbi.microsoft.com/zh-cn/get-started/）可以免费下载。Power BI Service 云端的在线服务，需要购买 Power BI 账号。移动端 Power BI App 在苹果手机应用商店和安卓应用市场均可下载，如图 1-7 所示。

苹果手机应用商店　　　　　　　　　　　安卓手机应用市场

图 1-7

1.4　Power BI部署方式介绍和比较

1.4.1　Power BI部署方式简介

目前在中国正式使用的微软 Power BI 部署方式有两种。

（1）Power BI Desktop + Power BI 服务（Power BI Pro 版账户）的协作方式，如图 1-8 所示。

这种方式下，用户需要购买 Power BI Pro 版本账号。Power BI 中操作的流程如下。

- 将数据导入 Power BI Desktop，并创建报表。
- 通过 Power BI Desktop 把报表发布到 Power BI Service，你可在 Power BI Service 中创建新的可视化图表或构建仪表板。
- 与他人共享你的仪表板。
- 在 Power BI Mobile 应用或浏览器中查看共享仪表板和报表并与其交互。

其中，Power BI gateway 为 Power BI Service 提供了数据网关。数据网关的作用好似桥梁，解决了本地数据源自动刷新到 Power BI 门户的问题，它提供本地数据与 Power BI Service 之间快速且安全的数据传输。

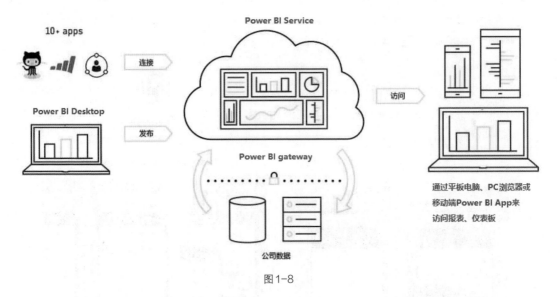

图1-8

每一个 Power BI Pro 账号费用是 65 元 / 月，一年 780 元。报表浏览者必须要有 Power BI Pro 账号，但 Power BI 桌面应用和移动应用程序都保持免费。Power BI Pro 版账户官方价格参考：http://www.21vbluecloud.com/powerbi/pricing/。由于报表浏览者也必须付费才能成为 Pro 用户，假设你的组织有大量的报表浏览者和少数制作报表的分析师，总体费用不会便宜。

（2）Power BI 本地部署方式：在这种方式下，你必须部署一台 Power BI 报表服务器，报表用户使用微软活动目录域用户身份认证，且事先要授予访问权限。

操作流程如下：

数据分析师使用专用的 Power BI Desktop 制作报表，并将报表另存到 Power BI 报表服务器上；报表浏览者使用浏览器或移动端 Power BI App 访问 Power BI 报表服务器门户来查看报表，如图 1-9 所示。

1.创建报表

使用 Power BI Desktop 创作精美报表。通过自由拖放画布和现代数据可视化，直观浏览数据。

2.发布到 Power BI 报表服务器

将本地报表直接发布到 Power BI 报表服务器。在文件夹中整理报表、管理访问并按需更新。

图1-9

这种方式下，Power BI 报表服务器正式版本需要密钥（微软有提供 180 天的测试版本）。密钥有两种方式获得：一是购买 Power BI 的 Premium 版本（中国目前只有 Pro 版本），可获得内部部署的权限；二是购买 SQL Server 企业版加 SA，也可以获得内部部署权限。国内目前大部分 Power BI 项目，都是采用购买 SQL Server 2017 企业版加两年 SA，可获得 Power BI 报表服务器内部部署权限，无限量用户使用。Power BI 报表服务器如图 1-10 所示。

图 1-10

Power BI 桌面应用和移动应用程序都免费。此外，Power BI 报表服务器在本地部署，不需要数据网关。

1.4.2　Power BI 服务和 Power BI 报表服务器对比

Power BI 服务已经久经考验，而本地部署方式的 Power BI Report Server（报表服务器）是在 2017 年 6 月才正式发布的，所以对比起来，Power BI Report Server 缺失部分功能。

（1）Power BI 服务的特色功能。

仪表板：仪表板真正能够在一个界面里给用户提供全方位的业务洞察和核心指标，如图 1-11 所示。它既可以显示来自不同数据集的可视化对象，也可以显示来自许多不同报表的可视化对象。但在 Power BI Report Server 里没有仪表板这个概念，它只有报表。

图 1-11

Q & A（问答）：自然语言查询是 Power BI Service 中集成在仪表板里的一个很具有亮点的

功能，用户可以根据自己想要了解的业务指标来问问题，如图 1-12 所示。Power BI 自助搜寻数据模型里的答案，从而实现人机交互的业务呈现方式。

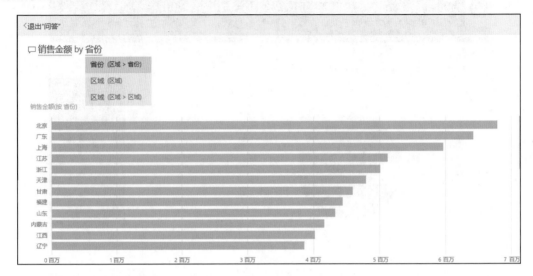

图 1-12

实时展示仪表板：这是与仪表板相关的一个功能，实际上就是将流数据推送到 Power BI Service，然后以此流数据制作仪表板，从而实现流数据实时展现的效果，如图 1-13 所示。基于这个功能，Power BI 可以和绝大部分的传感器集成。而微软也提供了完整的解决方案，比如物联网 IoT + Power BI，这个解决方案已经被一些制造业的客户采用。

图 1-13

业务警报：这又是基于仪表板的一个功能，针对仪表板中的一些重要 KPI 设置警告规则。当重要指标达到预设的数值时，Power BI 会发送邮件或通知提醒，从而让企业管理人员能在第一时间做出应对决策，如图 1-14 所示。

　　发布到 Web：如果需要将报表对外分享，发布到 Web 是一个很不错的功能。它可以生成一个公网的链接，分享出去之后，别人不需要 Power BI 账号也能访问分享的报表。它也可以是嵌入在网页代码（如 iFrame）中的链接，如图 1-15 所示。

图 1-14　　　　　　　　　　　　　　　　　　　　　　　　图 1-15

　　导出到 PPT：在 Power BI Service 中可以一键将报告导出成为 PPT，而结合 PowerPoint 的 Power BI Tiles 这个 Office 应用商店的插件，还能够做到嵌入 PPT 之后保留 Power BI 交互式的操作体验，如图 1-16 所示。

　　（2）Power BI Report Server 也有部分特色功能是 Power BI 服务不具备的。

　　本地部署：可以部署在本地企业内网中。对于某些企业客户，要求对数据绝对控制，并且浏览报表的用户极多，这就是一个最大的优势。

　　报表目录管理：Power BI Report Server 支持创建文件夹，这样就能够通过父子级的目录管理方式满足多层级报表目录管理的需求。

　　品牌包：可以支持用户更改 Web 门户的 Logo 和样式。但是在 Power BI 服务中却没有找到能够更改门户 Logo 以及样式的说明。

图 1-16

　　多种报表支持：Power BI Report Server 实际上是加强版的 Reporting Service，所以除了支持 Power BI 的报表之外，还能支持传统的企业级分页报表、移动 BI 的报表、KPI 等。如果除了自助式 BI 之外，还需要有企业级定制化的报表的用户，Power BI Report Server 是再好不过的选择了。

1.5　Power BI Pro 版账号注册试用

国内 Power BI 基于 SaaS 服务的免费版本已经取消，如使用需要购买 Power BI Pro 专业版。国际版的 Power BI Pro 账号可使用企业邮箱申请 60 天的试用权限。

首先访问 https://powerbi.microsoft.com/zh-cn/get-started/，单击"免费试用"，如图 1-17 所示。然后，输入企业邮箱，注意不能使用免费邮箱，要有企业域名的邮箱，单击"注册"，如图 1-18 所示。

图 1-17

图 1-18

接着，注册时使用的企业邮箱，会收到一封邮件，其中有验证码，如图 1-19 所示。

图 1-19

最后，输入姓氏、名字，设定 Power BI 服务登录密码和邮件收到的验证码等信息，单击

"开始"，如图 1-20 所示。随后系统将创建好 Power BI Pro 试用账号。

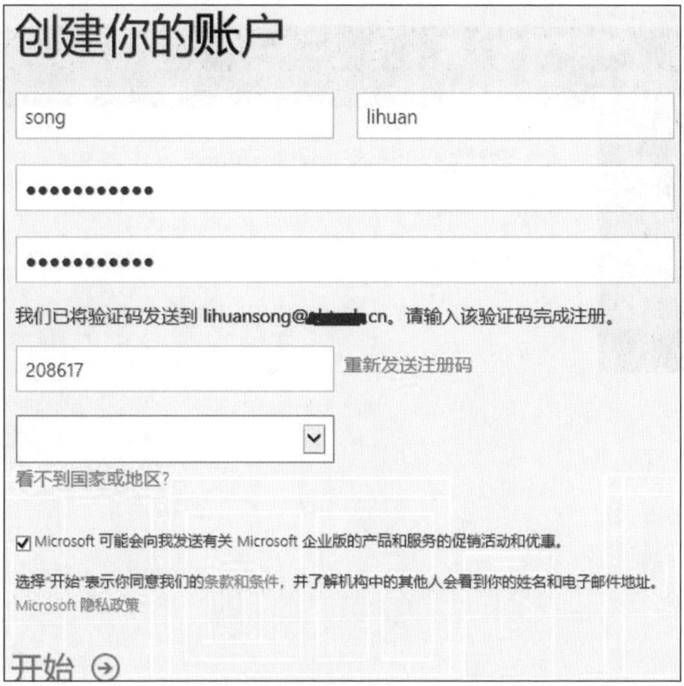

创建你的账户

song　　　　　　　　　　　　lihuan

●●●●●●●●●●●

●●●●●●●●●●●

我们已将验证码发送到 lihuansong@▮▮▮▮cn。请输入该验证码完成注册。

208617　　　　　　　　　　重新发送注册码

看不到国家或地区？

☑ Microsoft 可能会向我发送有关 Microsoft 企业版的产品和服务的促销活动和优惠。

选择"开始"表示你同意我们的条款和条件，并了解机构中的其他人会看到你的姓名和电子邮件地址。
Microsoft 隐私政策

开始 →

图 1-20

你可以登录国际版 Power BI Service，访问 https://app.powerbi.com，输入用户名、密码，界面如图 1-21 所示。国际版 Power BI Pro 试用期为 60 天，定价是每个用户每月 9.99 美元。

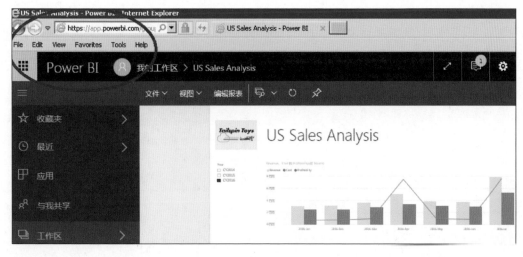

图 1-21

国内版 Power BI Service 访问网址为 https://app.powerbi.cn，登录后的界面如图 1-22 所示，你会看到国内版界面上有"由世纪互联运营"的标题。

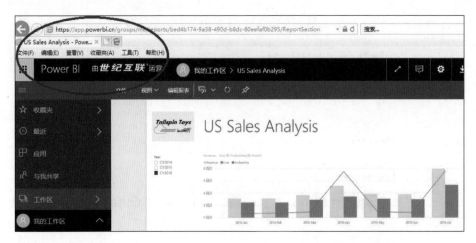

图 1-22

第2章 Power BI Desktop 使用入门

Power BI Desktop 是桌面应用程序的数据可视化利器。Microsoft Power BI Desktop 专为数据分析师设计。它结合了一流的交互式可视化效果与业界领先的内置数据查询和建模功能。通过 Power BI Desktop，可以生成数据模型、创建报表，并将报表发布到 Power BI 服务进行分享。Power BI Desktop 可免费下载。利用 Power BI Desktop 可创建内容丰富的交互式报表，一切尽在指尖。

2.1 下载安装 Power BI Desktop

从微软网站 https://powerbi.microsoft.com/zh-cn/desktop/ 可以下载最新版 Power BI Desktop 桌面应用程序，如图 2-1 所示。

图2-1

安装 Power BI Desktop 有如下要求。

（1）支持的操作系统：Windows 10、Windows 7、Windows 8、Windows 8.1、Windows Server 2008 R2、Windows Server 2012、Windows Server 2012 R2。

（2）Microsoft Power BI Desktop 要求使用 Internet Explorer 9 或更高版本。

（3）需要安装 .Net Framework 4.5。

Power BI Desktop 有 32 位和 64 位的安装程序（.MSI），建议使用 64 位的操作系统，内存至少要 4GB 以上。下载好后就可以安装了，由于安装比较简单，一直单击“下一步”就可以了。安装好后桌面会出现 Power BI Desktop 的图标，如图 2-2 所示。

Power BI
Desktop

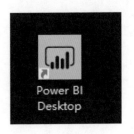

图2-2

当你启动 Power BI Desktop 时，将显示“Welcome to Power BI Desktop”界面，系统会提示填写个人联系信息表单，你可以填写信息，然后单击“Done”继续操作，如图 2-3 所示。

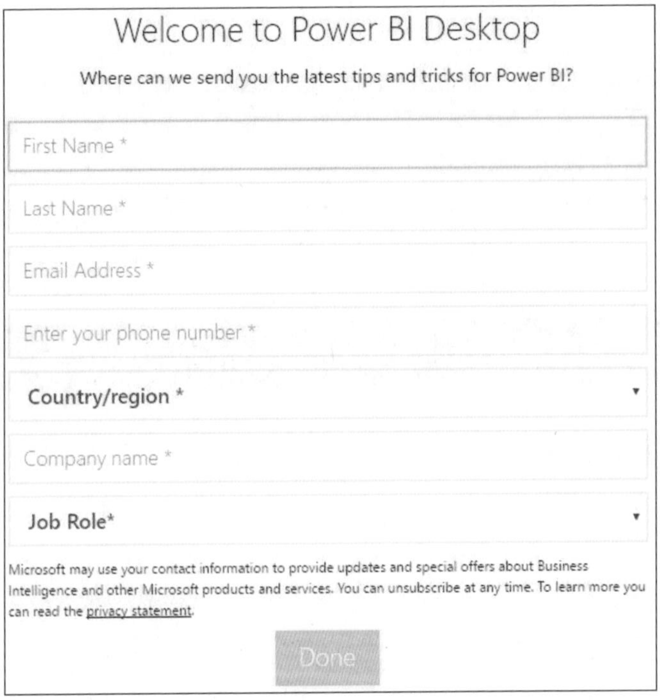

Welcome to Power BI Desktop
Where can we send you the latest tips and tricks for Power BI?
First Name *
Last Name *
Email Address *
Enter your phone number *
Country/region *
Company name *
Job Role*
Microsoft may use your contact information to provide updates and special offers about Business Intelligence and other Microsoft products and services. You can unsubscribe at any time. To learn more you can read the privacy statement.
Done

图2-3

接下来你会看到一个图 2-4 所示的界面，可以直接从左窗格中的链接中获取数据，查看最近的数据源或打开其他报表。

Power BI
Desktop
获取数据
最近使用的源
Retail Analysis Sample PBIX.pbix
Power BI Demo.pbix
打开其他报表
登录以进行协作和共享内容
新变化
POWER BI 博客
论坛
教程

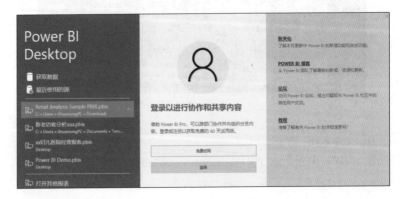

图2-4

如果关闭该界面（选择右上角的 ×），则将显示具有空白画布的 Power BI Desktop 的报表视图，如图 2-5 所示。

图2-5

2.2 Power BI Desktop界面介绍

Power BI Desktop 桌面应用软件的主界面非常简洁。界面的顶部是主菜单，打开"开始"菜单，通过"获取数据"创建数据连接。Power BI Desktop 中有 3 种视图：报表视图、数据视图和关系视图。通过选择左侧导航栏中的图标，可在报表视图、数据视图和关系视图之间进行切换。右边是可视化功能区和字段功能区，用于设计报表的 UI，通过拖曳字段，就能配置图表。可视化功能区内置多种可视化图表，能够创建复杂、美观的报表，如图 2-6 所示。

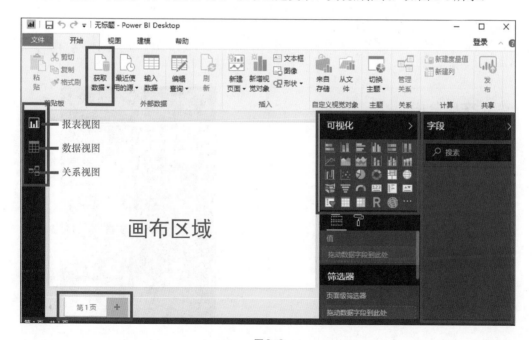

图2-6

报表将至少具有一个可供使用的空白页，在此页面中可添加各种类型的可视化效果。如果页面上需要展示的可视化效果太多，只需通过"+"号新建页面即可向报表添加新页面。

只要导入数据，再进行数据整理和建模，Power BI Desktop 就能在较短时间内生成各种炫酷的报表，如图 2-7 所示。

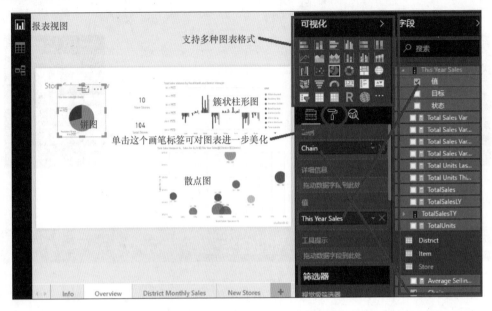

图 2-7

这里有很关键的 3 个报表编辑窗格："可视化效果""筛选器"和"字段"。"可视化效果"窗口是控制可视化效果的外观，其中包括图表类型、格式设置。"筛选器"窗格是定义如何筛选数据，作用范围是整张报表、一个页面或单个视觉对象（即可视化效果图表对象）。而最右侧窗格上的"字段"则可管理将用于可视化效果的数据模型。

这 3 个窗格中显示的内容会随报表画布中选择的内容不同而异。例如，选中一个视觉对象，如图 2-8 所示。

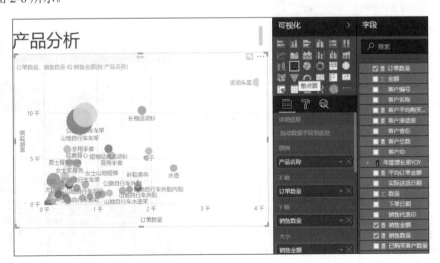

图 2-8

你会看到"可视化效果"窗格顶部会标识出正在使用的视觉对象类型。在本例中，视觉对象类型就是散点图。"可视化效果"窗格底部（可能需要向下滚动）则会显示视觉对象中正在使用的字段。此散点图的图例使用"产品名称"、X 轴使用"订单数量"、Y 轴使用"销售数量"、气泡的大小用"销售金额"来表示。"字段"窗格中列出数据模型可用的表，如果展开表的名称，还会列出构成该表的字段。黄色字体告诉用户可视化效果中正在使用该表格中的一个字段。

要对视觉对象的字体、颜色等格式进行设置，则选择画笔图标，以显示"格式设置"窗格，如图 2-9 所示，可用的选项取决于所选可视化效果的类型。

图 2-9

2.3 将现有 Excel 工作簿导入 Power BI Desktop

你可以轻松将 Excel 工作簿（包括 Power Pivot 模型和 Power View 报表）导入 Power BI Desktop。导入后，你可以使用 Power BI Desktop 的强大的功能继续美化和增强报表。

若要导入工作簿，请在 Power BI Desktop 中选择文件→导入→ Excel 工作簿内容。如图 2-10 所示。

图 2-10

随即将出现一个窗口，让你选择要导入的 Excel 工作簿。我们选择本书第 2 章 2.4 节的配套 Excel 文件"销售情况分析表 .xlsx"，然后单击"启动"，如图 2-11 所示。

Power BI Desktop 将分析该 Excel 工作簿，并将其转换为 Power BI Desktop 文件（.pbix）。Power BI Desktop 文件独立于原始 Excel 工作簿，并且可以在不影响原始工作簿的情况下修改 Power BI Desktop 文件。导入完成后，将显示摘要页面。Excel 中 Power Pivot 模型、度量值、KPI 和 Power View 报表都被导入了，如图 2-12 所示。

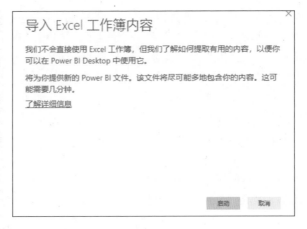

图2-11

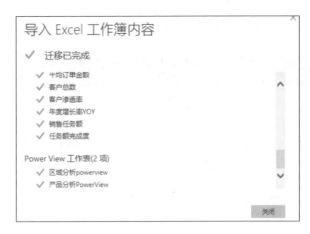

图2-12

　　选择关闭后，Power BI Desktop 中将加载该报表。如图 2-13 所示，数据模型字段都被导入，Power BI Desktop 为每个 Power View 报表创建新报表页，报表的名称和报表页面顺序与原始 Excel 工作簿相匹配，这里第一页是空白，因为 Excel 的数据透视表是导不进来的。

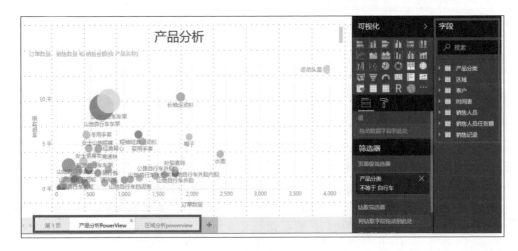

图2-13

由于已导入工作簿，你可以继续处理报表（例如创建新的报表页、添加新的可视化效果、调整报表格式等）以及继续使用 Power BI Desktop 中的所有功能和特性。另外，一些 Power View 功能不支持，例如特定可视化效果类型（具有播放轴的散点图），选择时会显示"尚不支持此视觉对象类型"的错误消息，你可以根据需要删除或重新设计。

2.4　使用 Power BI Desktop 创建第一个可视化报表

双击本书第 2 章 2.4 节的配套演示文件 Power_BI_2.4_demo.pbix，Power BI Desktop 启动后你会看到一个空白画布的报表视图，如图 2-14 所示。

图 2-14

报表页面不必挤得满满的，只要添加新的空白页面即可。选择黄色加号图标，然后重命名页面的名称，如图 2-15 所示。

接下来你只需要选择可视化图表类型，然后通过勾选 / 拖曳字段，就能生成报表。例如给老板做一个销售分析，老板最关心的 KPI 指标是"销售金额"，你可以从右侧的字段窗格中，展开"销售记录"→"销售金额"字段，如图 2-16 所示，将它拖曳或勾选在报表画布上。然后在字段搜索中输入"金额"，来查找"销售金额"这个字段。

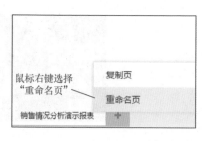

图 2-15

图 2-16

销售金额没必要做成图表，单独呈现数字就可以了，所以我们在右边可视化效果窗格中，选择"卡片图"，如图 2-17 所示。

单独一个销售金额指标，还不能表示好还是不好，所以通常老板还关心"年度增长率"这个指标，因为它反映销售的增减变动情况。我们把"销售记录"→"年度增长率 YOY"字段，拖到报表画布上，如图 2-18 所示。

图 2-17　　　　　　　　　　　　　　　　图 2-18

选择的可视化效果也是卡片图，如图 2-19 所示。

另外，假如我的销售额不高，年度增长率也不行，但是我还是完成销售任务了，为了对老板有交代，我们选择"销售人员任务额"→"任务额完成度"字段，将其拖到报表画布上，如图 2-20 所示。

图 2-19　　　　　　　　　　　　　　　　图 2-20

然后再选择可视化效果为卡片图，如图 2-21 所示。

图 2-21

如果我们想看几个大区的销售额情况，单击画布的空白区域，在可视化效果窗格中单击想要创建的条形图，如图 2-22 所示。

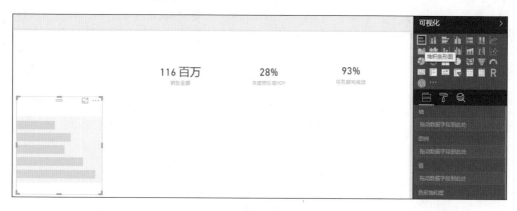

图 2-22

选择字段窗格中的"销售记录"→"销售金额"字段，将其拖到"值"；选择"区域"→"区域"字段，将其拖到"轴"，如图 2-23 所示。

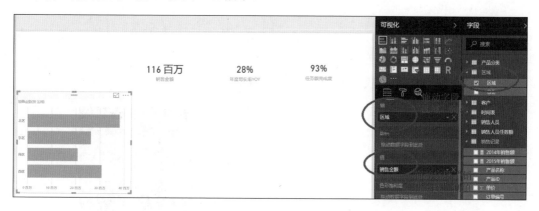

图 2-23

单击可视化对象条形图右上角的…，选择"排序依据：销售金额"，条形图会按销售金额大小排序，如图 2-24 所示。

图 2-24

接下来，我们做一个组合图，重点查每个月的销售情况。单击空白画布区域，拖曳几个字段进来，包括"时间表"→"月份"、"销售记录"→"销售金额"、"销售人员任务额"→"销售任务额"、"销售人员任务额"→"任务额完成度"、"销售记录"→"年度增长率 YOY"，如图 2-25 所示。销售额单位：元。

月份	销售金额	销售任务额	任务额完成度	年度增长率YOY
1月	8,895,377	2,502,874	118%	-50%
2月	5,738,598	3,970,048	89%	61%
3月	9,431,879	5,851,535	87%	16%
4月	6,414,972	4,333,389	86%	40%
5月	10,227,872	5,612,974	95%	10%
6月	14,507,225	8,138,120	99%	25%
7月	13,220,343	8,356,737	96%	56%
8月	8,149,353	5,277,042	90%	40%
9月	11,725,961	7,268,671	90%	28%
10月	10,725,269	7,868,679	88%	83%
11月	7,030,432	4,628,100	93%	58%
12月	9,634,339	5,825,061	95%	34%
总计	115,701,621	69,633,231	93%	28%

图 2-25

把图 2-25 转换为折线和簇状柱形图，如图 2-26 所示。

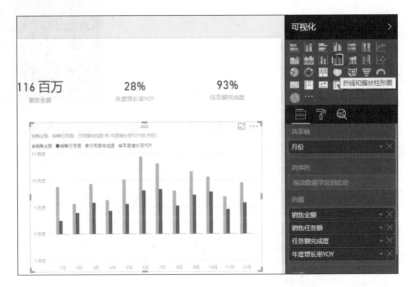

图 2-26

我们把"年度增长率"和"任务额完成度"这两个百分比放到"行值"区域中，如图 2-27 所示。这样就完成了一个组合图表，每个月任务额多少，销售额多少，是否都完成了，结果一目了然。

添加一个年份切片器做筛选。单击左上角画布空白区域，在可视化窗口里，选择"切片器"，如图 2-28 所示。

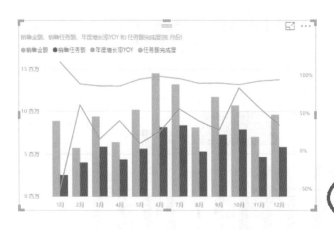

图2-27

图2-28

拖动"时间表"→"年份"作为切片器的筛选字段，如图 2-29 所示。

图2-29

这样就可以查看某一年的销售情况，根据报表灵活切片，比如切片器选择 2015 年，如图 2-30 所示。从图中可以看到蓝色是销售金额，红色是任务额，如果蓝色高于红色，表示完成了任务。绿色折线是任务额完成度，图中显示 4 月份任务额完成度是 86%，表示没有完成；1 月份任务额完成度是 118%，表示完成了；黄色折线代表年度增长率，即这个月和 2014 年同比增长率是多少。

我们单击报表画布左上角的空白处，插入一个公司 Logo，并调整大小和位置，如图 2-31 所示。

现在报表终于大功告成了，最终的报表效果如图 2-32 所示。

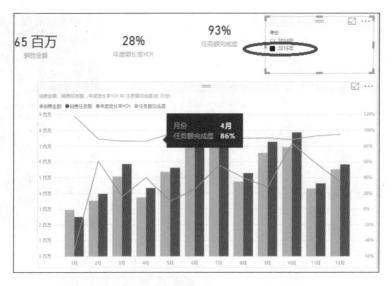

图 2-30

图 2-31

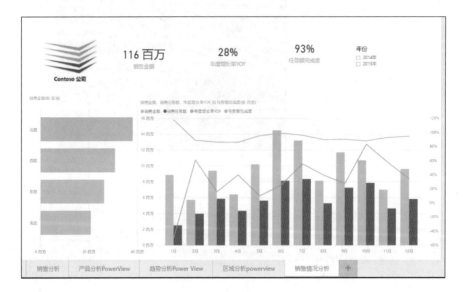

图 2-32

现在，我们可以把报表发布到 Power BI 服务上。首先要登录 Power BI Desktop，然后单击右上角的"登录"，如图 2-33 所示，接着输入 Power BI 账号，单击"登录"。

图2-33

然后跳转到国内版的身份认证界面，如图 2-34 所示。

如果你操作时没有出现以上验证身份界面，则需要修改注册表来登录 Power BI Desktop（这个方法只针对使用国内由 21 世纪互联运营的 Power BI 服务的用户）。先通过 Windows+R 键打开运行命令，然后输入 regedit.exe 打开注册表编辑器并找到这个路径 HKEY_LOCAL_MACHINE\SOFTWARE\Microsoft\Microsoft Power BI Desktop，右键单击鼠标选择新建字符串值，如图 2-35 所示。接着将红框中的文字添加进去，然后重启 Power BI Desktop 就可以成功登录。

图2-34

图2-35

在 Power BI Desktop 中，单击"发布"将报表发布到 Power BI 服务，如图 2-36 所示。

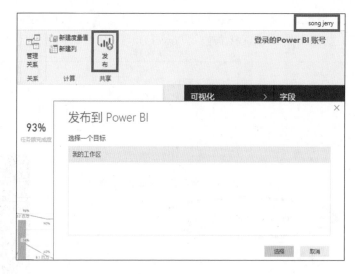

图 2-36

完成后，你将获得一个链接，可使用该链接在 Power BI 站点中打开报表，如图 2-37 所示。

图 2-37

将 Power BI Desktop 文件发布到 Power BI 服务后，模型中的数据以及在"报表"视图中生成的所有报表都会被发布到 Power BI 工作区，如图 2-38 所示。

图 2-38

第3章 数据整理

你可能经常做如下的事务：从不同来源、不同结构、不同形式获取数据并按统一格式进行合并，并且为了后续分析的需要，需要对数据预处理，即将原始数据转换处理成期望的结构或格式。即使公司已经部署了高大上的前端展示报表软件，上述工作也需要你重复忙碌，痛苦而不快乐的做数据搬运，甚至还需要麻烦技术人员。微软 Power BI 可以帮助业务分析人员抓取及清洗数据，而不再需要麻烦技术人员。因此你可以把宝贵的时间花在更有价值的数据分析上，而不是花在数据的搬运上。

微软 Power BI 可以很方便地连接各种类型的数据源以获取数据，除了微软自家的 Excel、SQL Server 等，还支持 Oracle、MySQL、DB2 等市面上主流的关系数据库。它不但可以直接抓取网页的数据，而且提供对大数据 Hadoop 文件系统（HDFS）的支持。Power BI 还能轻而易举地帮你对获取到的数据进行整理。所谓数据整理就是确定数据集的列名以及数据类型，合并来自多个数据源的数据，并进行基本数据清洗转换工作，以保证 Power BI 报表模块能正确解读数据。数据整理也称为 ETL（数据抽取、数据的清洗转换、数据的加载）。Power BI 的数据整理模块，把这种高深、复杂的 ETL 工作变得易于使用且所见即所得，提高了业务部门的用户数据处理的工作效率，让他们把大部分时间留给高附加值的数据分析工作。

3.1 连接数据源

使用 Power BI Desktop 可以连接许多不同的数据源。若要连接到数据，请在"开始"功能区选项卡中选择"获取数据"。然后选择向下箭头或按钮上的获取数据文本，如图 3-1 所示，将会显示最常见的数据源类型菜单。

单击"更多"选项，打开的对话框显示所有可以连接的数据源类型，如图 3-2 所示，有文件、数据库、Azure（如微软公有云上的 Azure SQL 数据库、Azure SQL 数据仓库、Azure 云端 Hadoop 的 HDinsight 等）、联机服务（如 Salesforce、Dynamic 365 等在线服务）、其他（包括 Web 网页 R 脚本、Hadoop 文件系统 HDFS 等）。

图 3-1   图 3-2

3.1.1   连接到文件

有时，公司技术人员需要把 ERP 中的数据导出为 Excel 或文本文件，并将其交给业务部门的数据专员。对于这种情况，即数据源是"文件"类型的数据，Power BI 提供 Excel、文本 / CSV、XML、JSON 文件等连接方式，如图 3-3 所示。

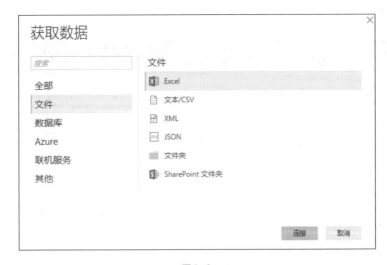

图 3-3

在图 3-3 中选择"Excel"，单击"连接"，在弹出的"打开"对话框中选择"某公司销售

数据 .xls"。Power BI 会在"导航器"对话框中展示数据表信息，选中"全国订单明细"表，右窗格中就会出现该数据表的数据预览，如图 3-4 所示。

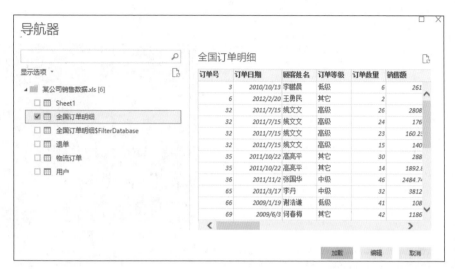

图3-4

如果单击"编辑"，则进入查询编辑器界面，在这里可以对数据做处理，使得数据规范化，如图 3-5 所示。

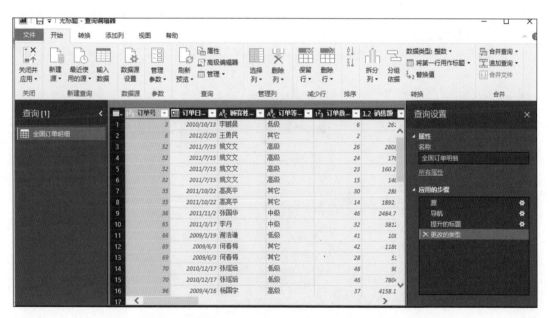

图3-5

如果单击"加载"按钮，则直接将数据加载到 Power BI Desktop 中，在报表视图右侧的"字段"窗格中会显示该表及其列名称，如图 3-6 所示。你可以单击开始功能区的"编辑查询"，也会进入查询编辑器界面，对数据做处理。

图 3-6

3.1.2   从 Web 网页获取数据

对于外部数据的抓取，Power BI 提供了从网页直接提取数据的服务。在"开始"功能区中，单击"获取数据"，选择"Web"，如图 3-7 所示。

图 3-7

输入要抓取的网址，如 http://tianqi.2345.com/wea_history/58847.htm，如图 3-8 所示。

该网页天气数据已被抓取下来，如图 3-9 所示。你可以将它加载到 Power BI Desktop 再做数据处理，比如把最高气温和最低气温的符号去掉等，为下一步的可视化图表制作打好基础。

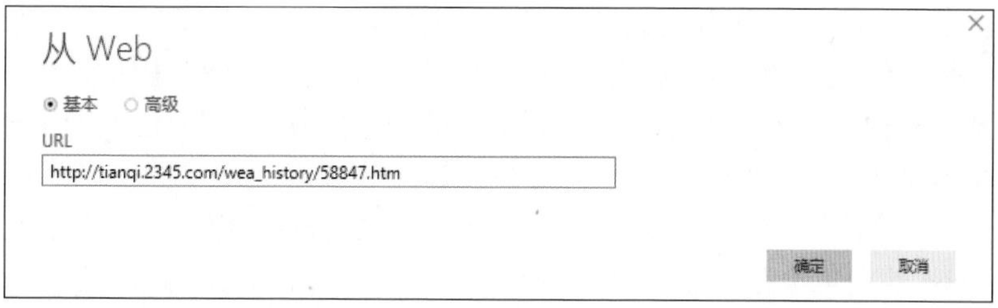

图3-8

图3-9

3.1.3 连接到数据库

Power BI 对市面上所有关系型数据库如 SQL Server、MySQL、Oracle、SAP HANA、SAP BW 等都提供非常好的支持。以 Power BI 连接 SQL Server 数据库为例，首先在"开始"功能区选项卡中单击获取数据下拉按钮，选择"SQL Server"，如图 3-10 所示。然后输入 SQL Server 服务器地址，再输入数据库名称，数据连接模式可以选择导入模式或者 DirectQuery（直接查询）模式。

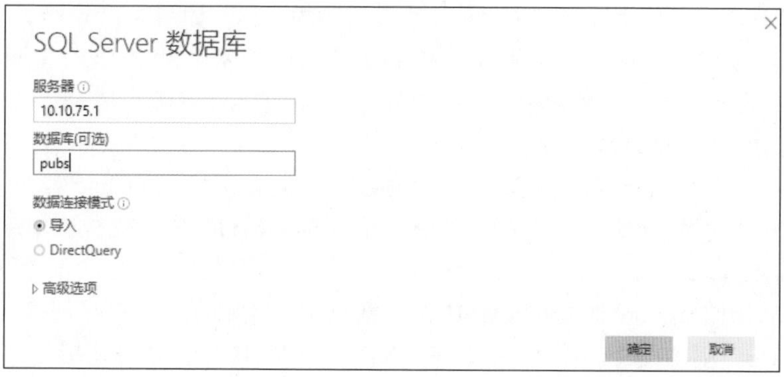

图3-10

导入模式的含义：一旦加载数据源，查询定义的所有数据就都会被加载到 DataSet 数据集中。Power BI 从优化的 DataSet 数据集中查询数据，并能够快速响应用户的查询。由于导入模式是把数据源快照复制到 DataSet 数据集中，因此，底层数据源的改动不会实时更新到 DataSet，用户需要手动刷新或设置调度计划定时刷新。

DirectQuery 直接查询模式的含义：Power BI 不会向 DataSet 数据集中加载任何数据（Data），这意味着 DataSet 数据集不存储任何数据（Data）。但是，Dataset 数据集仍然会存储连接 Data Source 的凭证，以及数据源的元数据，用于访问底层数据源。在执行查询请求时，Power BI 直接把查询请求发送到原始的 Data Source 数据源中去获取所需的数据。DirectQuery 采用主动获取数据的方式，新的查询请求都会使用最新的数据。

接下来，对话框会询问访问 SQL Server 的身份验证方式，Windows 验证或者数据库的验证方式。我们选择"数据库"的验证方式，输入 SQL Server 的登录账号和密码，单击"连接"按钮，如图 3-11 所示。这种数据库验证方式不使用加密连接来访问 SQL Server。

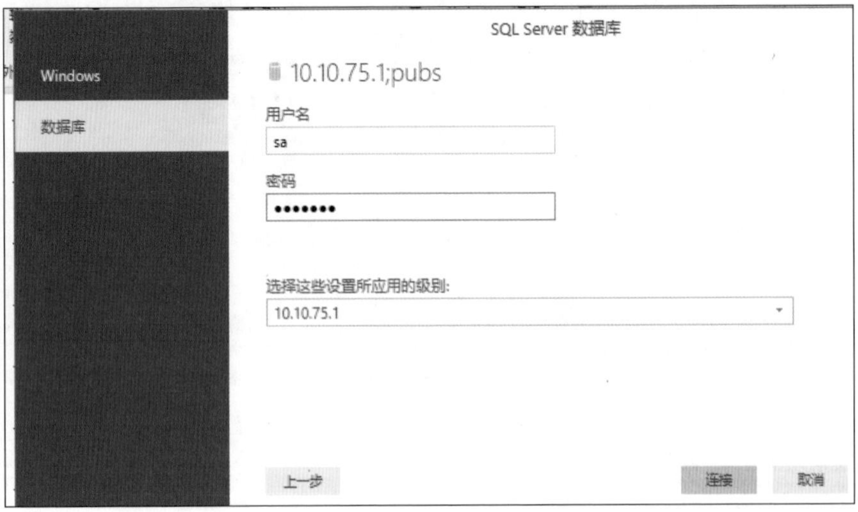

图 3-11

在出现的"导航器"对话框中，如果在左窗格选择相应的表，则右窗格中会出现该数据表的数据预览，如图 3-12 所示。

在图 3-12 中单击"加载"按钮后，数据表被加载到 Power BI Desktop，此时会在 Power BI desktop 的报表视图右侧的字段区域中显示该表及其列的名称，如图 3-13 所示。

如果 Power BI Desktop 需要访问 MySQL 数据库，就必须先到 MySQL 官网下载相应版本的 Connect/Net 驱动程序并进行安装。如果你的 Power BI Desktop 版本是 64 位版本，则下载的 connect/Net 驱动版本也必须是 64 位。

如果 Power BI Desktop 需要连接 Oracle 数据库，也必须安装 Oracle 客户端。你安装的 Oracle 客户端软件的版本也取决于已安装的 Power BI Desktop 版本是 32 位版本还是 64 位版本。一旦安装了匹配版本的 Oracle 客户端驱动程序，你就可以连接到 Oracle 数据库。

如果 Power BI Desktop 要访问 SAP HANA 数据库，则必须在本地客户端计算机上安装 SAP HANA ODBC 驱动程序，以使 Power BI Desktop SAP HANA 数据连接正常运行。你可以从 SAP 软件下载中心下载 SAP HANA ODBC 驱动程序。

图 3-12

图 3-13

使用 Power BI Desktop 还可以访问 SAP Business Warehouse (BW) 数据，但必须在本地计算机上安装 SAP NetWeaver 库。你可以直接从 SAP 软件下载中心下载 SAP NetWeaver 库，通常它还包括在 SAP 客户端工具安中。要确保 SAP NetWeaver 库（32 位或 64 位）的体系结构匹配 Power BI Desktop 32 位或 64 位版本。

更常见的情况是使用 Power BI Desktop 访问 SQL Server Analysis Services 的多维模型。SQL Server Analysis Services（简称 SSAS）是 SQL Server 中的一个组件，为商业智能应用程序提供联机分析处理（OLAP）和数据挖掘功能。SSAS 服务器必须运行 SQL Server 2012 SP1 CU4 或更高版本的 Analysis Services。微软的 SSAS 只支持 Windows 身份验证，所以 Power BI 本地部署架构中的 Power BI Report Server 和运行 Power BI Desktop 的客户端都要加入 AD 域。

3.2   查询编辑器

Power BI Desktop 加载数据后，我们往往需要对数据进行清洗，如对数据做类型转换、对数据进行归并等。我们使用的轻量级的数据清洗工具就是 Power BI Desktop 自带的查询编辑器。它可以连接到一个或多个数据源，调整和转换数据以满足用户的需要。

让我们先了解一下查询编辑器。我们让 Power BI Desktop 从 Web 网页中抓取一份数据，在 Power BI Desktop 界面中的开始功能区选项卡，选择"获取数据"→ Web，并粘贴网页地址：http://www.bankrate.com/finance/retirement/best-places-retire-how-state-ranks.aspx。如图 3-14 所示，该网页数据被 Power BI 抓取了下来，其描述的主题是退休以后生活在美国哪个州最合适。表中字段信息均为各州在居住成本、税率、犯罪率等方面在全美的排名。

图3-14

然后，我们可以从窗口底部选择编辑，先编辑查询再加载表，或者可以先直接加载表，然后再单击"编辑查询"。查询编辑器的界面,如图 3-15 所示,上方是功能区提供了获取数据、转换数据、合并数据的功能;左边查询窗格列出了查询(每个查询各对应一个表),供你选择和查看;中央窗格是数据视图,显示已选择查询中的数据,可供你调整;右边是查询设置窗格,将显示与查询关联的所有应用的步骤,它就像一个步骤记录器帮助用户记录下所有数据的整理过程,用户可以随时对某一动作进行调整。

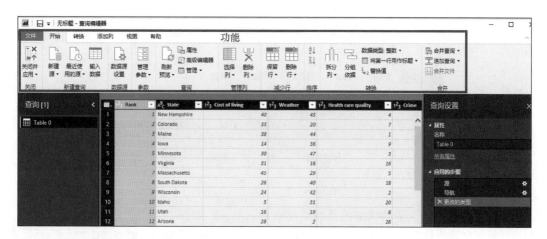

图 3-15

"查询编辑器"的功能区主要包含"开始"、"转换"、"添加列"和"视图"4 个选项卡。"开始"选项卡提供了常见的查询任务,包括任何查询中的第一步"新建源",即获取数据,如图 3-16 所示。

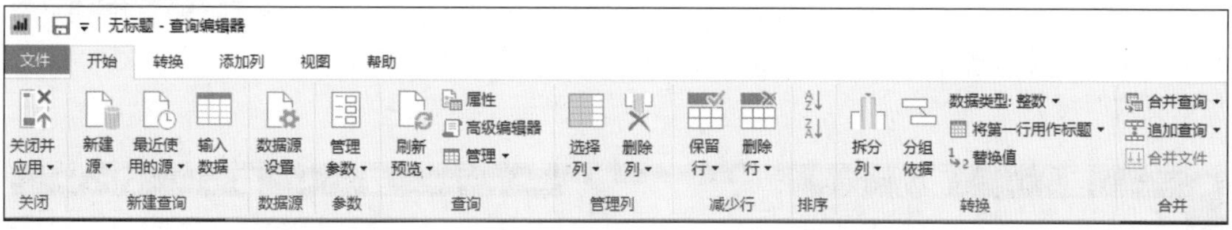

图 3-16

"转换"选项卡提供了对常见数据转换任务的访问,如添加或删除列、更改数据类型、拆分列和其他数据驱动任务,如图 3-17 所示。

图 3-17

"添加列"选项卡提供了与添加列、设置列数据格式和添加自定义列相关联的其他任务,如图 3-18 所示。

图3-18

"视图"选项卡用于切换显示的窗格或窗口。它还用于显示高级编辑器，如图3-19所示。

图3-19

左侧窗格显示处于活动状态的查询以及查询的名称，如图3-20所示。当在左窗格选择一个查询时，其数据会显示在中央数据窗格中，可以在此调整并转换数据以满足业务需求。

在中央数据窗格中显示已选择查询中的数据。我们可以通过在数据窗格中右键单击列来使用很多功能区上的命令按钮操作，例如选择了"Cost of living"列，且右键单击其字段名称，会显示快捷菜单，大部分的菜单项与功能区选项卡中的按钮相同。如图3-21所示，当一个列不能自动从文本类型转换为数字，而我们需要它们是数字时，我们只需右键单击列标题，然后选择"更改类型"→"整数"来对其加以更改即可。

图3-20

图3-21

右侧的查询设置窗格会显示与查询关联的所有步骤。当选择右击菜单项（或单击功能区上的命令按钮）时，查询将对数据应用该步骤，并将其保存为查询本身的一部分，这些步骤按顺序记录在查询设置窗格。我们对数据做的任何处理操作都会在这里记录下来，可随时点选以回退到过去的操作。如图 3-22 所示，查询设置窗格的应用步骤部分反映出我们刚刚更改了列的类型，并且通过右击"应用的步骤"中的某个具体步骤，可以根据需要对步骤执行重命名、删除、重新排序等操作。

在查询编辑器中调整数据，不会影响原始数据源，仅调整或整理这一特定的数据视图。如果想要查看查询编辑器正使用的每个步骤创建的代码，或想要创建自己的调整代码，就可以使用高级编辑器。若要启动高级编辑器，可从功能区中选择视图选项卡，然后选择"高级编辑器"。此时，将会显示包含现有查询代码的窗口，如图 3-23 所示。

图3-22

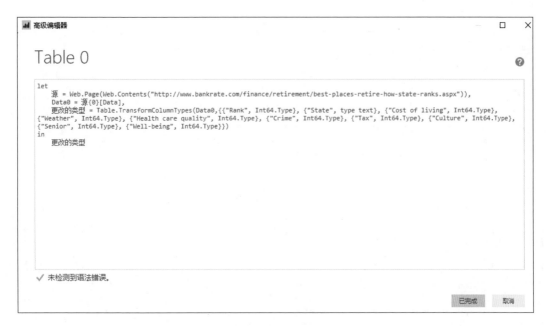

图3-23

这个代码就是 M 语言脚本。你可以直接编辑高级编辑器窗口中的代码。M 语言可能是第一个你明明一直在用，却感觉不到它存在的语言。普通业务人员在查询编辑器中通过鼠标操作可以完成很多复杂的数据清洗操作，这背后的原理就是一个个封装好的 M 函数。

假如现在多了一个业务需求：要求数据集中还得有州的简称。我们在维基百科里，可以搜索到美国各州对应的简称。该网页地址为 https://en.wikipedia.org/wiki/List_of_U.S._state_abbreviations。用先前的方法，将该网页的这份报表抓取下来，如图 3-24 所示。

图3-24

在对话框中，如图 3-25 所示，可以看到"ANSI"列正是我们想要的美国各州对应的简称。

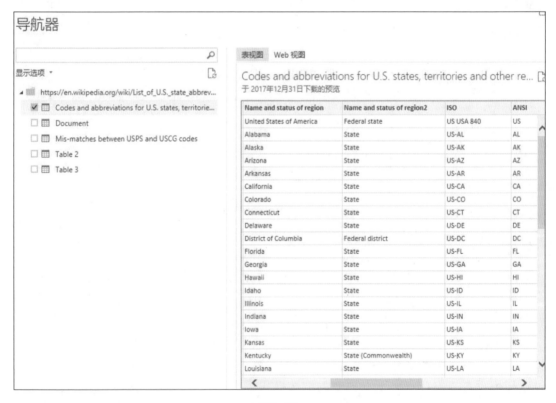

图3-25

加载到查询编辑器后，我们要删除多余的列，这里选择保留"Name and status of region"和"ANSI"两列，删除其余的列，如图 3-26 所示。

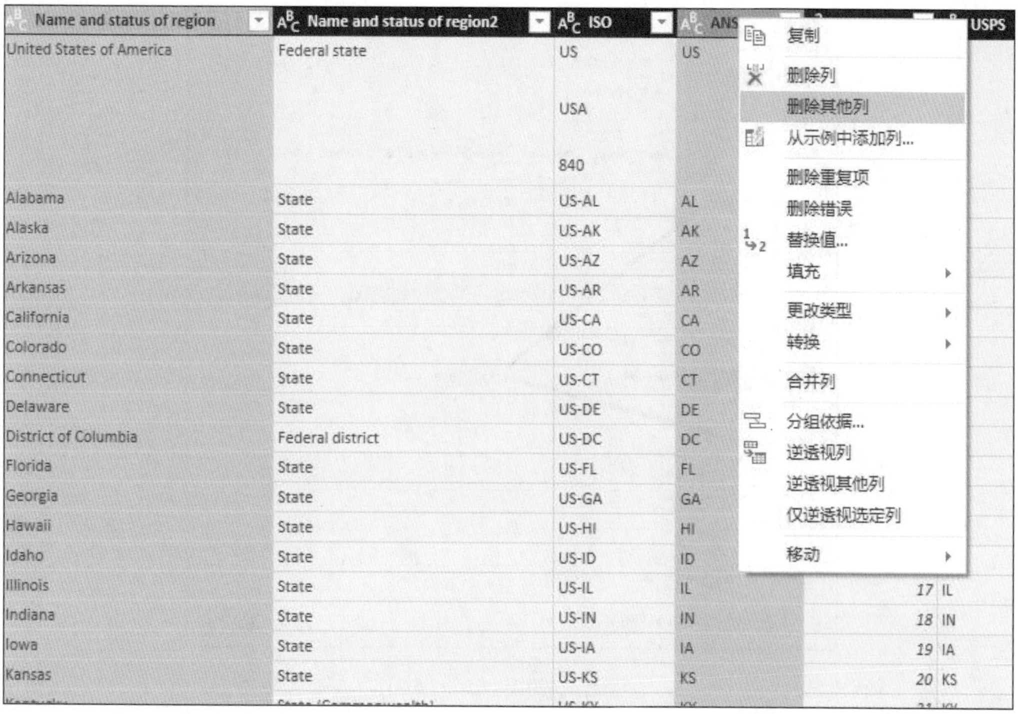

图3-26

通过右键单击某一列的列标题，在快捷菜单中选择"重命名"，将"Name and status of region"和"ANSI"这两列的列名分别修改为"State"和"StateCode"，如图 3-27 所示，右边查询设置窗格忠实记录了这些步骤。

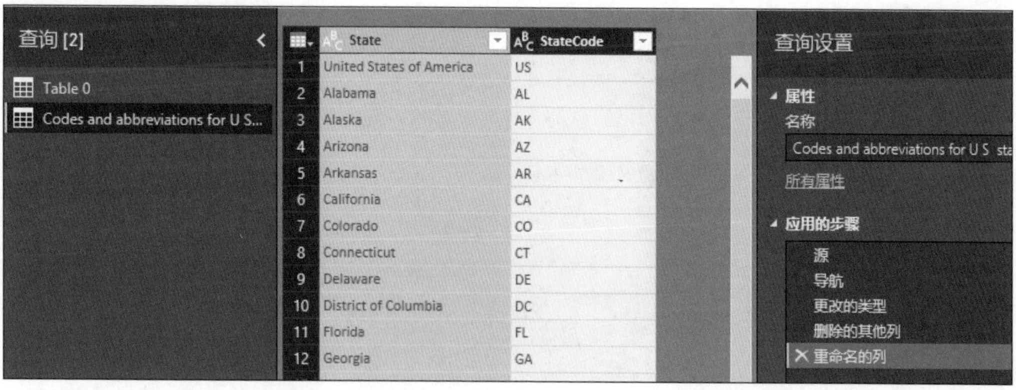

图3-27

接下来我们将两份表格关联起来。在查询窗格中选择想要合并到的查询 Table0，然后在"开始"功能区选项卡，选择"合并查询"，然后设置连接信息。在"要合并的表"的下拉框选择"Codes and abbreviations for US state..."，选择"Table0"表的"State"字段以及"Codes and abbreviations for US state..."表的"State"字段，在"联接种类"的下拉列表中选择"左外部（第一个中的所有行，第二个中的匹配行）"，如图 3-28 所示。

图 3-28

单击 "确定" 按钮后，发现 "Table0" 表多了一列，可单击 "展开" 图标，如图 3-29 所示，勾选 "StateCode" 字段，要注意 State 是关联键，原表亦有该字段，故不用勾选它。

图 3-29

然后将扩展出来的表示各州简称的这一列重命名为 "StateCode"，数据整理算是完成了，如图 3-30 所示。查询设置窗格中把每个调整步骤都完整地记录了下来，如果对结果不满意还可以恢复到初始状态。

使用查询编辑器将数据处理得越规整，接下来的报表制作就越得心应手。如果要将对数据调整的更改应用到 Power BI Desktop，并关闭查询编辑器，可从查询编辑器的文件菜单中选择 "关闭并应用"，如图 3-31 所示。

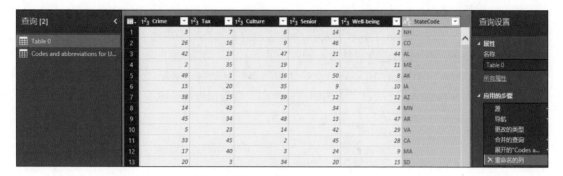

图 3-30

图 3-31

3.3　数据清洗实战

Power BI Desktop 的查询编辑器功能非常强大，下面通过一个实战案例来演示这些常用的功能。我们手上有 Excel 文件格式的门店销售记录，有两个 sheet 表格"一店"和"二店"，如图 3-32 所示。表中"客户省份"指客户所在的省、省治区、直辖市。

	订单编号	客户ID	客户名称	客户编号	客户省份
1	演示数据				
2	刷新时间				
3					
4	订单编号	客户ID	客户名称	客户编号	客户省份
5	SO49181	17890	甘肃17890	10-4030-C	甘肃
6	SO49182	16830	浙江16830	10-4030-C	浙江
7	SO49183	16944	安徽16944	10-4030-C	安徽
8	SO49184	14129	广西14129	10-4030-C	广西
9	SO49185	14134	辽宁14134	10-4030-C	辽宁
10	SO49186	23526	上海23526	10-4030-C	上海
11	SO49187	23545	黑龙江235	10-4030-C	黑龙江
12	SO49188	26815	江苏26815	10-4030-C	江苏
13	SO49189	15525	西藏15525	10-4030-C	西藏
14	SO49190	25033	河北25033	10-4030-C	河北
15	SO49191	19435	新疆19435	10-4030-C	新疆
16	SO49192	19040	河南19040	10-4030-C	河南
17	SO49193	29390	湖北29390	10-4030-C	湖北
18	SO49194	20922	甘肃20922	10-4030-C	甘肃
19	SO49195	20845	山西20845	10-4030-C	山西
20	SO49196	12386	山西12386	10-4030-C	山西
21	SO49197	29415	山西29415	10-4030-C	山西

一店　二店　⊕

图 3-32

sheet 表中有 3 行没有意义的数据，而且我们要将 "一店" 和 "二店" 的数据合并在一起。首先，打开 Power BI Desktop 工具软件，从功能区上的开始选项卡单击 "获取数据" 下拉按钮，在下拉列表中选择 "Excel" 选项。然后，在弹出的 "打开" 对话框中选择第 3 章的案例源文件 "门店销售记录 .xlsx"。Power BI Desktop 会在 "导航器" 对话框中展示 "一店" 和 "二店" 的数据表信息，在左窗格选中一个表时，右窗格中就会出现该数据表的数据预览，如图 3-33 所示。

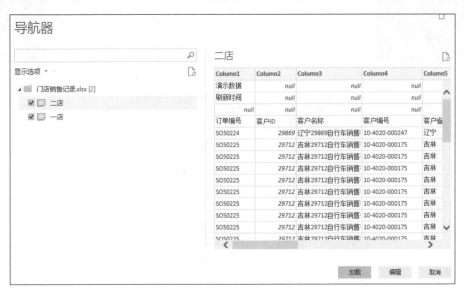

图 3-33

在将数据加载到 Power BI Desktop 中之前，我们选中 "一店" 和 "二店"，单击 "编辑" 按钮来调整数据。

首先，删除前 3 行没用的数据，单击 "开始" 功能区选项卡的 "删除行" 选项，选择 "删除最前面几行"，会打开图 3-34 所示的对话框，这里设置行数为 3。"一店" 和 "二店" 表都是如此操作。

图 3-34

在 "转换" 功能区选项卡中，单击 "将第一行用作标题" 的命令，如图 3-35 所示。"一店"

和"二店"表都是如此操作。

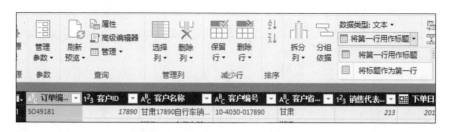

图3-35

现在我们需要将"一店"和"二店"这两个相同结构的工作表进行合并。我们选中"一店"，单击"开始"功能区选项卡的"追加查询"，追加"二店"表，如图3-36所示。特别注意，追加查询只能对结构相同、字段标题相同的表格进行合并，若表格结构不相同，则可能导致错误发生。现在"一店"表已经有两张表的内容，把"一店"这张表重命名叫"销售记录"表。

图3-36

现在我们要了解产品在它下单月份的销售金额汇总情况，不需要看到详细的内容，只要看到产品分类这个级别就可以。所以我们还需要引入一张"产品分类"表。在"开始"功能区选项卡，单击"新建源"，选择"Excel"数据源选项，如图3-37所示。

图3-37

选择案例 Excel 文件"产品分类 .xlsx",在"导航器"对话框中,选择"产品分类"表,如图 3-38 所示,单击"确定"按钮。

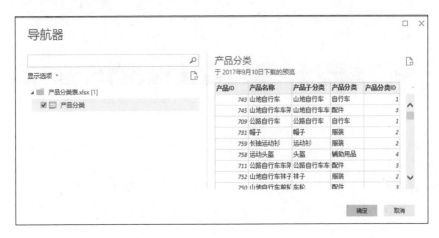

图 3-38

我们需要横向汇总多张表(相当于 Excel 的 VLookup 函数功能),所以要向"销售记录"表中添加"产品分类"这个字段,这时要用"合并查询"这一功能。"合并查询"是指向已有的数据表中添加新的字段信息,前提是这两张表具有相同的字段属性。选择"销售记录"表,然后在"开始"功能区选项卡中单击"合并查询",在"要合并的表"下拉列表中选择"产品分类表",并选择这两张表中相同的字段"产品名称",如图 3-39 所示。这个"合并查询"功能能在工作中非常有用,以前在 Excel 都是通过 VLookup 函数实现的。

图 3-39

你会看见在"销售记录"表的右侧会增加一个新列。单击右上角的图标，会显示可扩展的列，在这里我们只需要"产品分类"这个字段，如图 3-40 所示。此时你就会发现"产品分类"这个字段被添加到"销售记录"表中了。这个合并的结果和在 Excel 中使用 VLookup 函数得到的结果是一样的，但这个功能不需要你写公式函数。

图3-40

现在我们要了解产品分类在每一个下单月份的销售金额情况。我们需要提取"销售记录"表中"下单日期"字段的月份，单击"转换"功能区选项卡，单击"日期"，选择"月份"，如图 3-41 所示。

图3-41

现在已经提取出"下单日期"字段中的月份了，我们把"下单日期"字段重命名为"月份"，如图 3-42 所示。

要对这个表格进行分类汇总计算，就需要使用"分组依据"这一功能。"分组依据"就好像将数据做成一张数据透视表。单击"转换"功能区选项卡中的"分组依据"按钮，在弹出的"分组依据"对话框里面，选择要分组的字段，可以是一列或多列，如果是多列，单击加减号就可以了。这里以"产品分类"和"月份"为依据分组，分组统计后会生成一个统计列，我们需要给这个新列一个名称"销售金额"，然后选择"求和"操作，即对"金额"列进行求和操作，如图 3-43 所示。

图 3-42   图 3-43

如果需要统计每个产品类别在每个月的销售金额，就需要用到透视列功能。那么在 Power BI 中如何实现透视列，即行转列实现一维表转二维表呢？我们选中"月份"这一列，单击"转换"功能区选项卡的"透视列"，值列选择"销售金额"，聚合值函数选择"求和"，如图 3-44 所示。

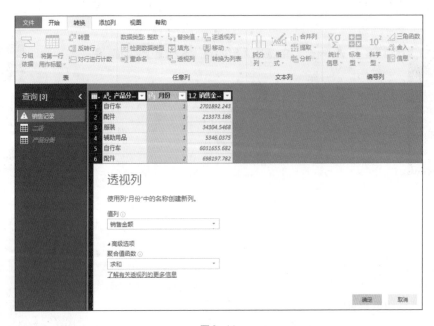

图3-44

实现透视列后的二维表结果如图 3-45 所示。

产品分类	1.2 1	1.2 2	1.2 3	1.2 4	1.2 5	1.2 6	1.2 7	1.2 8	1.2 9	1.2 10	1.2 11	1.2 12
1 服装	34304.5468	60998.8668	131677.93	128066.6778	4543.311	15544.7364	11744.3032	5095.348	8121.216	13513.6	13261.155	8953.5
2 自行车	2701892.243	6031655.682	7046160.755	6140912.508	357200.6194	746310.596	551764.647	150686.324	582419.32	544482.852	744521.6256	590423.0
3 辅助用品	5346.0375	13467.2595	21998.5545	21568.121	null	11962.8988	13878.224	8554.628	9945.044	15515.328	12419.108	11199.7
4 配件	213373.186	698197.782	1151628.819	1193549.647	76391.136	126112.392	148004.028	3180.192	57230.22	118530.492	55716.96	54967.2

图3-45

如果我们要把二维表转换成一维表，这就需要用到"逆透视"这个功能，在 Power BI Desktop 的查询编辑器中如何进行逆透视呢？如图 3-46 所示，选中"产品分类"这一列，然后单击"转换"功能区选项卡中的"逆透视其他列"命令。

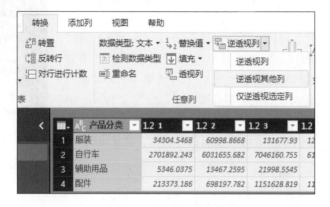

图3-46

现在把二维表转换成一维表了，如图 3-47 所示。你只需要记住逆透视就是把表中的列转换成值，而透视列是把值变成了列。

	产品分类	月份	销售金额
1	服装	1	34304.5468
2	服装	2	60998.8668
3	服装	3	131677.93
4	服装	4	128066.6778
5	服装	5	4543.311
6	服装	6	15544.7364
7	服装	7	11744.3032
8	服装	8	5095.348
9	服装	9	8121.216
10	服装	10	13513.6
11	服装	11	13261.155
12	服装	12	8953.548
13	自行车	1	2701892.243
14	自行车	2	6031655.682
15	自行车	3	7046160.755
16	自行车	4	6140912.508
17	自行车	5	357200.6194
18	自行车	6	746310.596
19	自行车	7	551764.647
20	自行车	8	150686.324
21	自行车	9	582419.32
22	自行车	10	544482.852
23	自行车	11	744521.6256

查询 [3]
销售记录
二店
产品分类

图3-47

查询编辑器把你刚才对每个查询（表）的所有数据调整操作（称为应用的步骤）全部记录了下来，保存为可查看或修改的文本，如图 3-48 所示。借助查询设置的应用步骤，可以修改之前的操作。也可以删除某一个步骤，通过选择步骤旁边的"×"按钮，就可以删除该步骤甚至可以移动步骤、交换顺序。当我们更新数据的时候，不需要重复工作，只要单击"刷新"数据，所有的步骤都会从头到尾自动化地操作一遍。

另外，使用高级编辑器可以查看或修改任何查询的文本。在"视图"功能区的选项卡中选择"高级编辑器"时，即显示高级编辑器，这些查询的代码是使用 M 语言（通常称为 M）进行创建的，如图 3-49 所示。

如果你是高级用户，并有搞不定的数据清洗任务，完全可以摆脱界面的束缚，直接在高级编辑器里写 M 语言代码。M 语言的公式函数非常庞大且相对复杂，关于 M 语言函数语法的详细介绍，请看随书赠送的资源。对于初学者来说，你会发觉 Power BI Desktop 的查询编辑器与其他工具相比，大部分的数据清洗任务只要动动鼠标就可以了，整个清洗流程都是可视化、可复用的。

图3-48

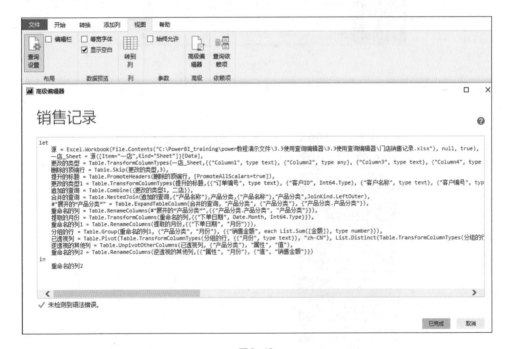

图3-49

关闭查询编辑器并应用更改。由于我们只想把"销售记录"表加载到模型里，可以在"二店"表和"产品分类"表的属性中，把"启用加载到报表"的选择取掉，这样只把"销售记录"表加载到模型里了，如图 3-50 所示。

最后，我们将清洗好的数据加载到 Power BI Desktop 里，如图 3-51 所示，为后续进一步的数据建模和数据可视化操作打好了基础。

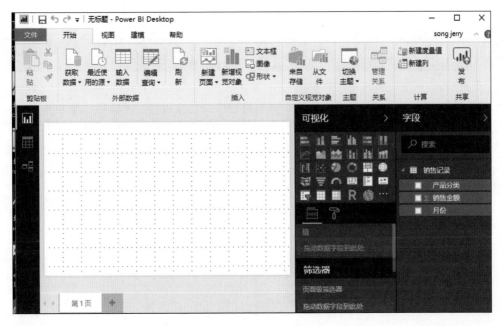

图3-50

图3-51

综上所述，"查询编辑器"可以实现的功能有：从各类数据源中提取数据、加载数据以及利用"查询编辑器"对加载的数据进行清洗。所谓数据清洗，其原理就是利用Power Query的M语言脚本对数据的加载过程进行额外预处理操作。

查询编辑器是一个强大的UI操作界面，可自动生成M语言脚本，并把不是很规范的甚至是丑陋的数据表变得非常整齐，完全不需要书写复杂代码。它的神奇之处在于帮助我们解决花费时间最多，但附加值又很低的工作。当数据标准化、规范化之后，您就可以集中精力使用Power BI进行建模分析和数据可视化。

第4章 数据建模

数据建模指的是对现实世界各类数据的抽象组织。在数据分析过程中，数据建模的目的是将现有的元数据组织成我们需要的数据信息，目的在于对现实世界进行分析、抽象，并从中找出内在联系。

4.1 建模概述

商务智能项目中，建立了数据仓库，再通过相应的工具进行数据建模（如 SQL Server 的分析服务），从而将元数据整理为常见的多维数据模型，实现诸如对维度、KPI、层次关系等的管理。常见的建模工具需要专业的人员进行使用，并需要有专业知识背景，因此提升了数据分析的难度。Power BI Desktop 提供了一种简便的工具和便于操作理解的界面，帮助大家进行数据建模。

Power BI Desktop 中数据建模的主要内容有：

- 数据之间的关系管理
- 度量值
- 层次关系
- 计算列
- 数据格式管理
- 时间处理

Power BI Desktop 的优点是在简单、易用的交互界面上来完成建模工作，并且易于理解。如图 4-1 所示，我们可以看到 Power BI Desktop 的数据视图。数据视图有助于你检查、浏览和了解 Power BI Desktop 模型中的数据。它与你在查询编辑器中查看表、列和数据的方式不同。在数据视图中，你所看到的数据是在将其加载到模型之后的样子。

建模数据时，我们往往需要在报表中未创建视觉对象的情况下，查看表或者列中的实际内容，并且在浏览数据时，关心行级别的数据。如图 4-1 所示，我们可以详细了解数据视图。图 4-1 中以数字标识的区域功能简单介绍如下。

（1）数据视图图标：单击此图标可进入数据视图。

（2）数据网格：显示选中的表以及其中的所有列和行。报表视图中的隐藏列显示为灰色。右键单击列可获取相关选项，如图 4-2 所示。

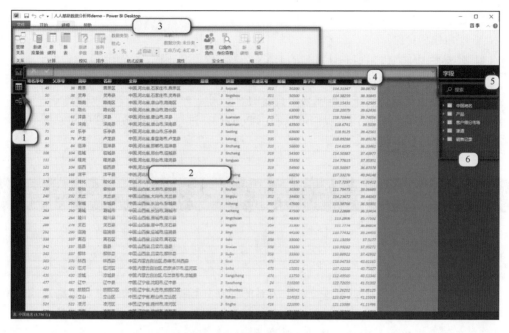

图4-1

图4-2

（3）建模功能区：管理关系，创建度量值，给数据排序，更改列的数据类型、格式、数据类别，管理角色和身份。

（4）公式栏：输入度量值和计算列的 DAX 公式（之后有相关章节介绍）。

（5）搜索：在模型中搜索表或列。

（6）字段列表：选择要在数据网格中查看的表或列。

从数据视图工具可以看到，我们可以利用 Power BI 进行相应的数据管理和建模操作。后序的章节会一一进行讲解。

4.2　管理数据关系

4.2.1　了解关系

数据建模任务中，首先需要进行数据关系的管理。数据关系指的是事实数据之间的逻辑关系。通过在不同表中的数据之间创建关系，可以增强数据分析的功能。关系是两个数据表之间建立在每个表中的一个列的基础上的联系。关系有什么用呢？我们来看看这样的数据，如图 4-3 所示，这是一份销售记录数据，数据中包含了销售发生的地名、渠道信息、产品信息等数据。这些数据都存放了序号代码，而数据的实体则存在相应的实体表内。图 4-4 是中国地名实体表。

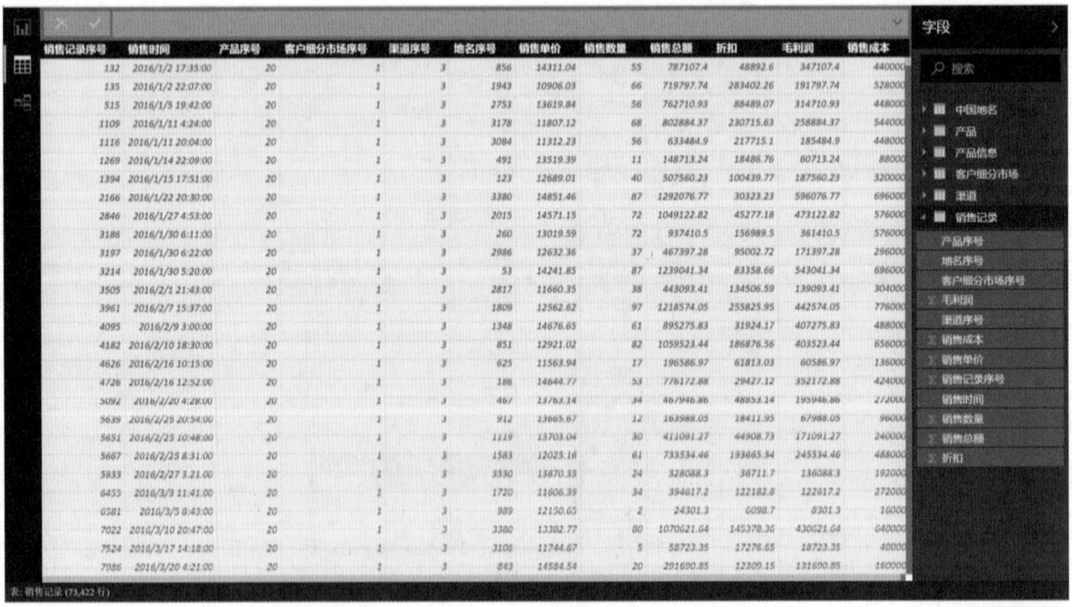

图4-3

实体表中记录着非常丰富的信息，当需要了解销售记录中的地名信息时，就需要进行关联，将销售表中的地区序号与中国地名表中的地名序号进行关联。这种关联即是关系。根据关系的不同，可以将其分成以下 3 类，在 Power BI 中称之为基数。

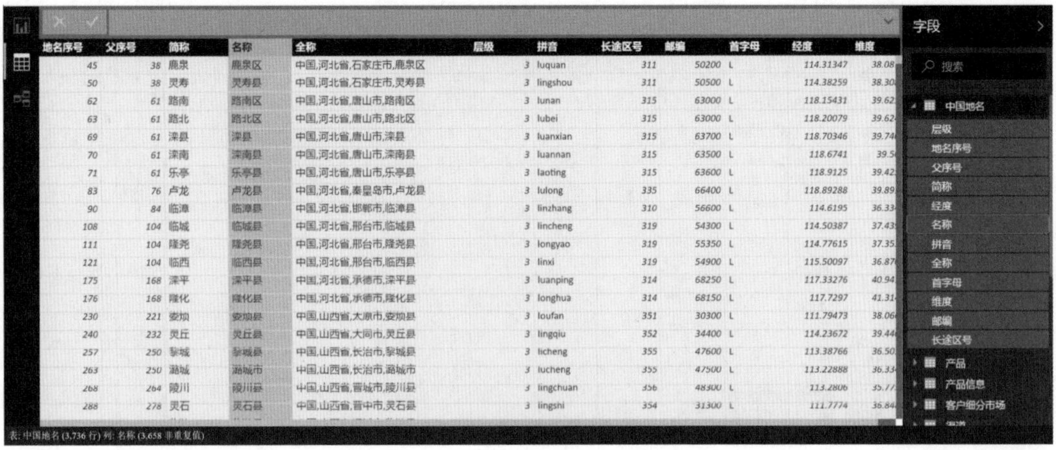

图4-4

（1）多对一（*:1）：指的是一个表中的列可具有一个值的多个实例，而另一个相关表（常称为查找表）仅具有一个值的一个实例；图 4-3 中的销售记录表中地名序号对于中国地名表中的地名序号，就是多对一的关系，记作（*:1）。销售记录有多个相同地名的实例。

（2）一对多（1:*）：一对多则是多对一的反向，如上述案例中，图 4-4 中的中国地名表中地名序号对于销售记录表中地名序号即是一对多的关系，记作（1:*）

（3）一对一（1:1）：指一个表对应查找表的记录有一一对应的关系。如产品名称对应产品的详细信息，就是一对一的关系。

在关系设置中还需对关系的交叉筛选器方向进行设置。对于大多数关系，交叉筛选方向均设置为"双向"筛选。双向筛选 Power BI Desktop 可将连接表的所有方面均视为同一个表进行操作。设置为"单向"适用于连接表中的筛选选项用于将求值总和的表格，也就是查询表数据单向进行汇总。默认情况下，Power BI Desktop 会将筛选设置为双向，但是如果从 Excel、Power Pivot 导入数据，则会默认将所有关系设置为单向。

4.2.2　自动创建关系

在导入数据的过程中，Power BI Desktop 会自动创建关系。如果你同时查询两个或多个表格，则在加载数据时，Power BI Desktop 将尝试为你查找并创建关系，并将自动设置基数、交叉筛选方向和活动属性。Power BI Desktop 查看表格中你正在查询的列名，以确定是否存在任何潜在关系。若存在，则将自动创建这些关系。如果 Power BI Desktop 无法确定存在匹配项，则不会自动创建关系。

在导入数据后也可以使用自动检测功能创建关系。在开始菜单选项卡中，单击"管理关系"选项，可出现"管理关系"的界面。如图 4-5 所示，单击"自动检测"，即可检测现有数据中是否有可能的关系。自动检测并不一定能找出数据所有的关系，但是能帮助你加快创建和管理关系。

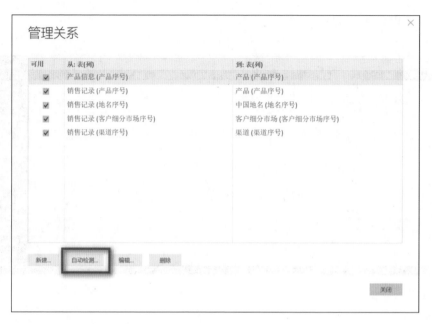

图4-5

4.2.3　关系视图

Power BI Desktop 允许你以可视方式设置表或元素之间的关系。若要查看数据的图表视图，请使用关系视图（位于报表画布旁屏幕的最左侧），如图 4-6 所示。

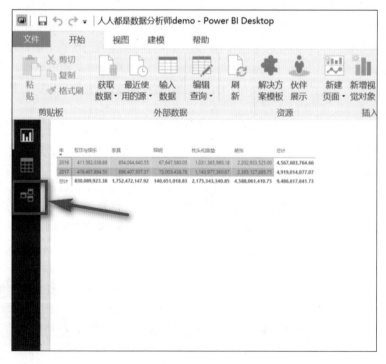

图4-6

在关系视图中，你可以看到表示各个表的数据块，它们之间的表列和表行就是表示关系。图 4-7 中以数字标识的功能简单介绍如下。

（1）表示"销售记录表"与"渠道表"之间为多对一（*:1）关系，实线表示此关系可用，方向小箭头表示交叉筛选方向为单向。

（2）表示"产品信息表"与"中国地名表"之间为多对一（*:1）关系，虚线表示此关系不可用。

（3）表示"产品信息表"与"产品表"为一对一关系。双向箭头表示交叉筛选方向为双向。

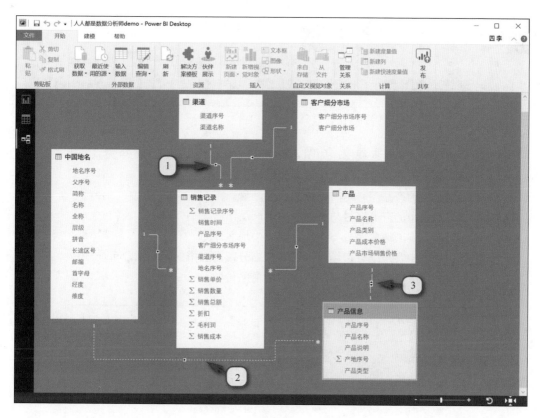

图4-7

添加和删除关系非常简单。若要删除关系，右键单击它并选择删除。若要创建关系，拖放想要在表格之间创建链接的字段即可。

若要隐藏报表中的表格或单列，则在关系视图中右键单击它，然后选择在报表视图中隐藏。

4.2.4 管理关系详细视图

除了图形化的关系视图管理界面，Power BI Desktop 还提供了更详细的管理界面来进行关系的管理。如图 4-8 所示，在 Power BI Desktop 中可以单击建模菜单栏中的"管理关系"进行关系管理，或者单击开始菜单栏的"管理关系"，如图 4-9 所示。

图 4-8

图 4-9

打开后是详细的关系管理视图，如图 4-10 所示。此示例中建立了 6 个关系：

（1）产品信息表的产地序号与中国地名表的地名序号。

（2）产品信息表的产品序号与产品表的产品序号。

（3）销售记录表中的产品序号与产品表中的产品序号。

（4）销售记录表中的地名序号与中国地名表中地名序号。

（5）销售记录表中客户细分市场序号与客户细分市场表中的客户细分市场序号。

（6）销售记录表中渠道序号与渠道表中的渠道序号。

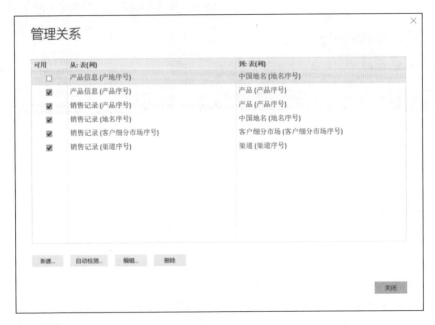

图 4-10

以上关系的汇总见表 4-1。

表4-1

从：表（列）	到：表（列）	基数	交叉筛选器方向
销售记录（产品序号）	产品（产品序号）	多对一	单一
销售记录（地名序号）	中国地名（地名序号）	多对一	单一
销售记录（客户细分市场序号）	客户细分市场（客户细分市场序号）	多对一	单一
销售记录（渠道序号）	渠道（渠道序号）	多对一	单一
产品信息（产地序号）	中国地名（地名序号）	多对一	单一
产品信息（产品序号）	产品（产品序号）	一对一	两个

但是在图 4-10 中看不到关系的"基数""交叉筛选器方向"的信息。在图 4-10 中选择关系，单击"编辑"可以显示详细的关系信息，如图 4-11 所示，其中展示了表名、关系对应的列名、基数、交叉筛选器方向、是否可用、假设引用完整性。

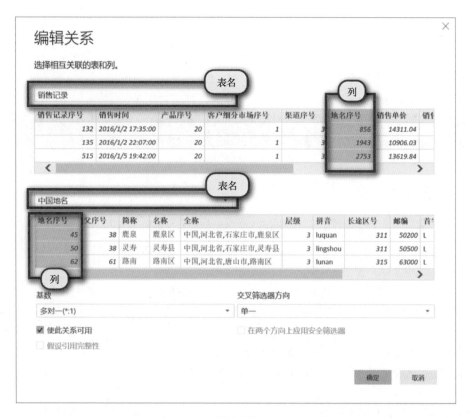

图 4-11

在图 4-10 中，单击"删除"按钮可以删除相应选择的关系。若需要新建关系，则可单击"新建"按钮。新建视图如图 4-12 所示，选择需要建立关系的表和列，确定基数、交叉筛选方向即可创建关系。

图 4-12

4.3 DAX使用

4.3.1 DAX简介

DAX 是 Data Analysis Expressions 的缩写，可翻译为：数据分析表达式。DAX 是在 Power BI 中经常使用的公式语言，包括 Power BI 后台。在 Microsoft 的其他产品中也能找到DAX，如 Power Pivot 和 SSAS 表格。

DAX 是一种函数语言，这意味着完整的执行代码包含在一个函数中。在 DAX 中，函数可以包含其他内容，例如嵌套函数、条件语句和值引用。DAX 中的执行从最内部函数或参数开始，然后逐步向外计算。在 Power BI 中，DAX 公式在单个行中编写，因此函数的正确格式设置对于可读性很重要。DAX 是公式或表达式中可用于计算并返回一个或多个值的函数、运算符或常量的集合。简单来说，DAX 可帮助你通过模型中已有的数据来创建新信息。

Power BI Desktop 导入数据是非常简单的工作。你可以完全不需要使用任何 DAX 公式，就很快速地创建一些具有自我见解的报表。但是，如果你需要分析跨产品类别和不同日期范围内的增长百分比，该怎么办？或者，需要计算相对于市场趋势的年增长额，该怎么办？ DAX 公式具备这项功能以及许多其他重要功能。了解如何创建有效的 DAX 公式，可帮助你充分利用数据。能够获得更宝贵的分析见解，这便是 Power BI 的强大之处，而使用 DAX 可以帮助你事半功倍。

　　DAX 功能非常强大，因此在短短的一个章节中不能表达其中的内容，本章将对 DAX 进行介绍并讲解初级用法。读者可以去寻找专门的 DAX 的书籍或者到微软的 MSDN 网站，详细地学习和了解 DAX，可以构建非常复杂的计算，以满足业务的需求。

4.3.2　DAX语法

　　DAX 语法包括组成公式的各种元素，简单来说就是公式的编写方式。例如，我们来看一下某个度量值的简单 DAX 公式，如下：

$$产品销售总额 =sum(' 销售记录 '[销售总额])$$

　　这个 DAX 表达式中包含了如下语法元素。

- ■ "产品销售总额" 表示度量值名称。
- ■ 等号运算符（=）表示公式的开头。完成计算后将会返回结果。
- ■ DAX 函数 SUM 会将 "销售记录 '[销售总额]" 列中的所有数字相加。
- ■ 括号 () 会括住包含一个或多个参数的表达式。所有函数都至少需要一个参数。一个参数会传递一个值给函数。
- ■ 引用的表 "销售记录"。
- ■ "销售记录" 表中的引用列 [销售总额]。使用此参数，SUM 函数就会对此列进行聚合求和。

　　以上的表达式可以用我们理解的语言表达是：计算 "销售记录" 中的 "销售总额" 为 "产品销售总额" 度量值。

　　DAX 的查询语法定义如下：

```
[DEFINE { MEASURE <tableName>[<name>] = <expression> }
EVALUATE <table>
[ORDER BY {<expression> [{ASC | DESC}]}[, …]
[START AT {<value>|<parameter>} [, …]]]
```

　　DEFINE 子句：查询语句的一个可选子句，使用户能够在查询期间定义度量值。定义可以引用在当前定义之前或之后出现的其他定义。

　　tableName：使用标准 DAX 语法的现有表的名称。它不能是表达式。

　　name：新的度量值的名称。它不能是表达式。

　　expression：任何返回单一标量值的 DAX 表达式。

　　EVALUATE 子句：包含用于生成查询结果的表达式。表达式可以使用任何定义的度量值。

　　表达式必须返回表。如果需要标量值，则度量值的作者可以将其标量包装在 ROW() 函数内，以便生成包含所需标量的表。

　　ORDER BY 子句：定义用于对查询结果进行排序的表达式的可选子句。可为每行结果进行计算的任何表达式都是有效的。

　　START AT 子子句：ORDER BY 子句中的叮选子句，用于定义查询结果将开始的值。START AT 子句是 ORDER BY 子句的一部分，不能在其外部使用。

　　在排序的结果集中，START AT 子句定义结果集的开始行。

　　START AT 参数与 ORDER BY 子句中的列具有一对一对应关系；START AT 子句可以与

ORDER BY 子句具有相同数量的参数，但不能比后者更多。

在 Power BI 中，DAX 主要帮助生成度量值、计算列、计算表。

4.3.3　DAX 函数

DAX 拥有许多可用于组织或分析数据的函数。这些函数可以分为以下几个类别。

■　聚合函数

DAX 提供多种聚合函数，包括以下常用函数。

SUM：统计求和函数。

AVERAGE：平均值函数。

MIN：最小值函数。

MAX：最大值函数。

SUMX（以及其他 X 函数）。

这些函数仅适用于数字列，并通常一次只能聚合一列。

但是以 X 结尾的特殊聚合函数（例如 SUMX）则可同时处理多列。这些函数循环访问表，并为每一行计算表达式。

■　计数函数

DAX 中经常使用的计数函数包括以下几个。

COUNT：对列中的数值进行计数。

COUNTA：对列中的值的数量进行计算。

COUNTBLANK：空白的数量进行计数。

COUNTROWS：对行数进行计数。

DISTINCTCOUNT：对不同值的数量进行计数。

■　逻辑函数

DAX 中的逻辑函数包括以下几个。

AND。

OR。

NOT。

IF。

IFERROR。

■　信息函数

DAX 中的信息函数包括以下几个。

ISBLANK：是否为空。

ISNUMBER：是否是数字。

ISTEXT：是否为 TEXT 文本。

ISNONTEXT：是否不是文本。

ISERROR：是否为错误。

■　文本函数

DAX 中的文本函数包括以下几个。

CONCATENTATE：将两个文本连接为一个文本字符串。

REPLACE：替换文本。

SEARCH：搜索文本。

UPPER：将字母转换为大写。

FIXED：将数字舍入到指定的小数位数，并以文本形式返回结果。

■　日期函数

DAX 包含以下日期函数以下几个。

DATE：返回日期。

HOUR：返回小时数值。

NOW：当前时间。

EOMONTH：返回指定月份数之前或之后月份的最后一天日期。

WEEKDAY：返回日期是星期几。

4.3.4　DAX举例

例一：

北京销售总额 = SUMX(FILTER('销售记录',RELATED('中国地名'[简称])="北京"),'销售记录'[产品销售总额])

Related 函数返回跟当前的数据行有关系的表的单个值，RELATED('中国地名'[简称])返回地名简称。Related 函数要求当前表和关联表之间存在关系（Relationship）。当前表和关联表之间存在多对一的关系，从关联表中返回单个值。

FILTER 通过过滤条件获取表的子集，过滤函数返回的表只能用于计算。过滤函数不是独立的，必须嵌入到其他函数中作为一个表值参数。FILTER('销售记录',RELATED('中国地名'[简称])="北京") 获取到了销售记录中"北京"的销售记录。

SUMX 进行求和，这个例子计算了北京地区销售总额。

例二：

销售成本小计 = CALCULATE(SUM('销售记录'[销售成本]),DATESINPERIOD('销售记录'[销售时间].[Date],DATE(2017,07,24),-21,day))

CALCULATE 函数表示在筛选器的上下文中进行求值。

DATESINPERIOD 函数返回给定期间中的日期。

这个例子表示求出 2017 年 7 月 24 日前 21 天的销售成本。

从上面的例子可以看出 DAX 很灵活，它可以帮助我们进行很多复杂的计算。函数支持嵌套，并从最内层开始计算，返回值或者数据的集合。善用 DAX 可以提高我们的分析能力。

4.4　数据的分类和格式设置

在 Power BI Desktop 中，你可以为列指定数据类别，以便让 Power BI Desktop 知道如何在可视化效果中处理其值。

Power BI Desktop 导入数据时，不仅会获取本身数据，还会获取表和列名称等信息（无论它是否为主关键字）。有了这些信息，Power BI Desktop 会进行某些假设，让你在创建可视化效果时拥有较好的默认体验。但是，有的数据需要我们去指定相应的类型，以便更加符合我们分析的需要。图 4-13 为中国的地名数据，这份数据中有字符型、数字型数据和地理数据。因此在导入后，我们需要去调整相应的数据类型。

地名序号	父序号	简称	名称	全称	层级	拼音	长途区号	邮编	首字母	经度	纬度
1	0	北京	北京	中国	1	beijing			B	116.4053	39.90499
2	1	北京	北京市	中国,北京,北京	2	beijing	10	100000	B	116.4053	39.90499
3	2	东城	东城区	中国,北京,北京	3	dongcheng	10	100010	D	116.4101	39.93157
4	2	西城	西城区	中国,北京,北京	3	xicheng	10	100032	X	116.36	39.9305
5	2	朝阳	朝阳区	中国,北京,北京	3	chaoyang	10	100020	C	116.4855	39.9484
6	2	丰台	丰台区	中国,北京,北京	3	fengtai	10	100071	F	116.2863	39.8585
7	2	石景山	石景山区	中国,北京,北京	3	shijingshan	10	100043	S	116.2229	39.90564
8	2	海淀	海淀区	中国,北京,北京	3	haidian	10	100089	H	116.2981	39.95931
9	2	门头沟	门头沟区	中国,北京,北京	3	mentougou	10	102300	M	116.1014	39.94043
10	2	房山	房山区	中国,北京,北京	3	fangshan	10	102488	F	116.1426	39.74786
11	2	通州	通州区	中国,北京,北京	3	tongzhou	10	101149	T	116.6572	39.90966
12	2	顺义	顺义区	中国,北京,北京	3	shunyi	10	101300	S	116.6542	40.1302
13	2	昌平	昌平区	中国,北京,北京	3	changping	10	102200	C	116.2312	40.22072

图 4-13

在数据视图或者报表视图中，单击需要修改的数据列，然后在建模选项卡上的格式中设置数据类型和数据分类，如图 4-14 所示，数据导入后，将经度和纬度设置为对应的数据类型。这样进行可视化设计的时候，可自动判断为地理信息。

图 4-14

在格式设置中可以进行数据类型和格式的设计。图 4-15 是可以设置的数据类型展示。图 4-16 是数据格式的展示。

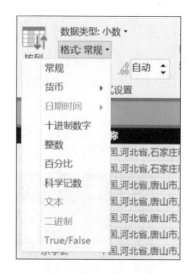

图4-15   图4-16

　　单击数据列可设置数据的属性，包括主表、数据分类、汇总方式。图4-17是可以设置度量值的主表，主表指的是建立度量值所在表的位置。图4-18是设置数据分类，可以将地理类型、Web、图像、条形码进行设置，为之后进行分析提供更好的数据基础。图4-19是数据可以用的汇总方式，方便进行统计。

图4-17   图4-18   图4-19

　　将数据进行整理后可以看到结果，如图4-20所示。在列展示中不同的图标表示了不同的数据类型，如图4-21所示。

图 4-20

图 4-21

4.5　创建度量值

度量值用于一些最常见的数据分析中，例如，求和、平均值、最小值或最大值、计数，或使用 DAX 公式创建的更高级的计算。度量值的计算结果也始终随着你与的报表的交互而改变，以便进行快速和动态的临时数据浏览。

在 Power BI Desktop 中，可以在"报表视图"或"数据视图"中创建和使用度量值。你自己创建的度量值将显示在带有计算器图标的"字段"列表中。你可以随心所欲地为你的度量值命名，并将它们添加到新的或现有的可视化效果中，正如其他字段一样。图 4-22 是在销售记录表中创建了两个度量值："产品类别总和"和"产品销售总额"。

在"开始选项卡"中找到计算分组中的"新建度量值"或者在"建模选项卡"中的计算分组中的"新建度量值"，也可以在字段视图中单击鼠标右键，选择"新建度量值"。之后出现图 4-23 所示的界面，红框内就是度量值的计算表达式。

图 4-22

图4-23

在"销售记录表"中创建两个度量值，并创建 2017 年的销售总额，然后根据 2017 年的销售总额预测 2018 年的销售总额，按照 6% 的业务增长率。度量值的表达式如下：

2017 销售预测 = CALCULATE(SUM(' 销售记录 '[销售总额]),DATESINPERIOD(' 销售记录 '[销售时间].[Date],DATE(2017,01,01),365,day))

2018 销售预测 = [2017 销售总额]*1.06

创建好的度量值在报表视图可直接引用和使用。如图 4-24 所示。

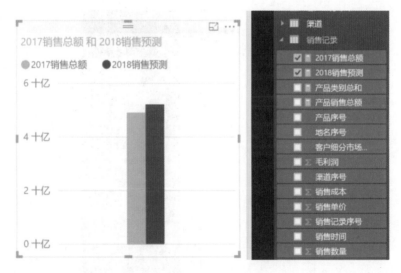

图4-24

4.6　创建计算列

我们在进行数据分析的时候，往往需要凭借现有的元数据生成需要的数据字段，例如将数据表中的"产品信息"和"产品类型"组成"产品类型 - 产品信息"这样格式的数据。在

Power BI Desktop 中，使用“报表”视图中的“新建列”功能创建计算列。输入如下 DAX 公式：

产品全信息 = [产品类别]&"-"&[产品名称]

这样就生成了新列——“产品全信息”，如图 4-25 所示，正是我们需要的格式的数据列。

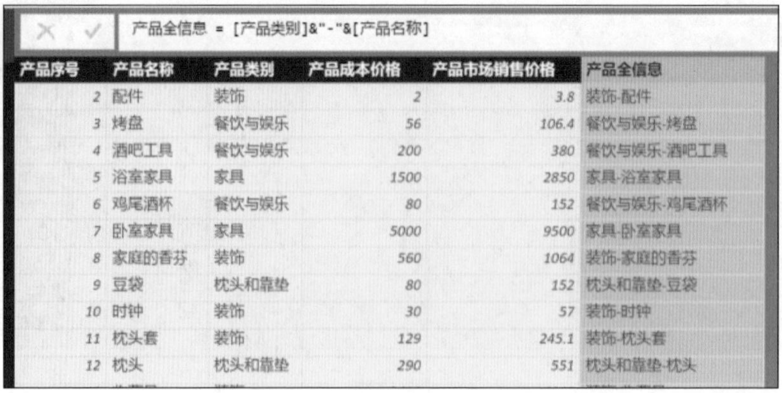

产品序号	产品名称	产品类别	产品成本价格	产品市场销售价格	产品全信息
2	配件	装饰	2	3.8	装饰-配件
3	烤盘	餐饮与娱乐	56	106.4	餐饮与娱乐-烤盘
4	酒吧工具	餐饮与娱乐	200	380	餐饮与娱乐-酒吧工具
5	浴室家具	家具	1500	2850	家具-浴室家具
6	鸡尾酒杯	餐饮与娱乐	80	152	餐饮与娱乐-鸡尾酒杯
7	卧室家具	家具	5000	9500	家具-卧室家具
8	家庭的香芬	装饰	560	1064	装饰-家庭的香芬
9	豆袋	枕头和靠垫	80	152	枕头和靠垫-豆袋
10	时钟	装饰	30	57	装饰-时钟
11	枕头套	装饰	129	245.1	装饰-枕头套
12	枕头	枕头和靠垫	290	551	枕头和靠垫-枕头

图 4-25

通过 DAX 公式还可以创建更为复杂的计算列，例如使用以下表达式来创建列：

年度 = YEAR([销售时间])

季度 = [销售时间].[QuarterNo]

月份 = MONTH([销售时间])

以上 3 个表达式创建了 3 个计算列：年度、月份、季度，如图 4-26 所示。

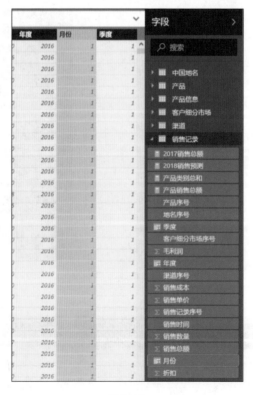

图 4-26

4.7 创建计算表

定义表值的数据分析表达式（DAX）公式可以利用现有的数据或者计算的数据来创建新表。新表可以加入模型。在 Power BI Desktop 中，计算表是通过使用报表视图或数据视图中的"新建表"功能创建的。计算表能够将你希望的数据进行整理，并获得更深入的理解和更直观的数据表达。与作为查询的一部分而创建的表不同，在报表视图或数据视图中创建的计算表是以你已加载到模型中的数据为基础的。例如，你可以选择合并或交叉联接两个表。

选择建模选项卡，单击新表即可进行创建新表，图 4-27 所示是创建一个新表，并将销售记录和地名进行关联。这相当于 SQL 语法中的 JOIN 的操作，显示有关联关系的表的数据。此例中的表达式如下：

销售总表 = ADDCOLUMNS(' 销售记录 '," 地名 ",RELATED(' 中国地名 '[名称])," 产品名称 ",RELATED(' 产品信息 '[产品名称]))

与普通表一样，计算表也能与其他表建立关系。计算表中的列具有数据类型、格式设置，并能归属于数据类别。你可以随意对列进行命名，并将其像其他字段一样添加到报表可视化效果。如果计算表从其中提取数据的任何表以任何形式进行了刷新或更新，则将重新计算计算表。

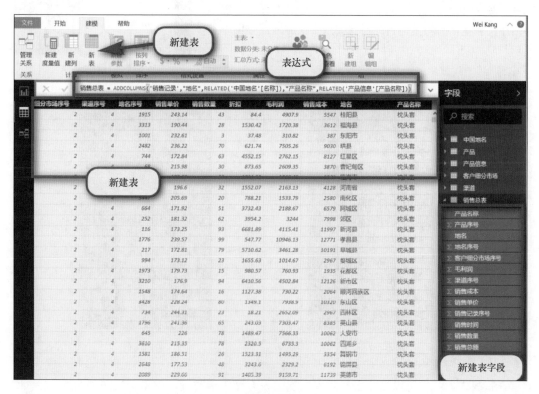

图 4-27

计算表使用数据分析表达式（DAX）计算结果。DAX 包括一个超过 200 个函数、运算符和构造的库，在创建公式时提供了巨大的灵活性，可以计算几乎任何数据分析需求的结果。创建计算常用的函数有：DISTINCT、VALUES、CROSSJOIN、UNION、NATURALINNERJOIN、

NATURALLEFTOUTERJOIN、INTERSECT、CALENDAR、CALENDARAUTO。

4.8 创建层次结构

数据之间往往具备层次结构，如地址信息一般就具备层次关系，从上到下可以有：省、市、县、镇、村等层次结构。当数据具备这样的层次结构，数据处理中就可以进行钻取，如当我们查看省级的销售数据时，发现某个省销售数据异常，希望查看这个省下面发生了什么，就可以进行数据的下钻，查看此省份下面的销售数据。具备典型层次结构的数据还有日期属性，包括年、季度、月、日的天然层次结构属性。

下面的例子用来创建一个层次关系并进行使用。如图 4-28 所示，本例中产品类别和产品名称存在层次关系，鼠标右键单击产品类别，选择创建层次关系，创建完成后的效果如图 4-29 所示。你也可以重命名此层次关系，然后单击产品名称，并将其拖到此层次关系中。完成后如图 4-30 所示。

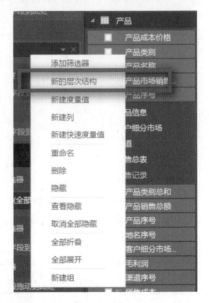

图 4-28

图 4-29

图 4-30

在报表中，我们可以按照产品类别层次关系查看销售数量，在图 4-31 的视图中，鼠标右键单击报表中的数据可以进行下钻操作。如图 4-32 所示，单击"餐饮与娱乐"进行下钻，下钻结果如图 4-33 所示。单击左上角的钻取按钮，可以浏览下一个层级的报表，也可以展开以下所有层级的报表数据。

使用层次结构可以方便地钻取展示我们需要的数据，以进行多维度的分析。

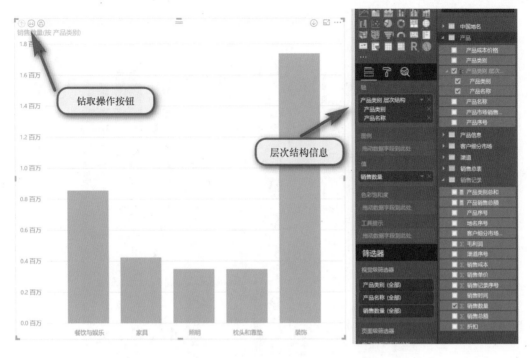

图 4-31

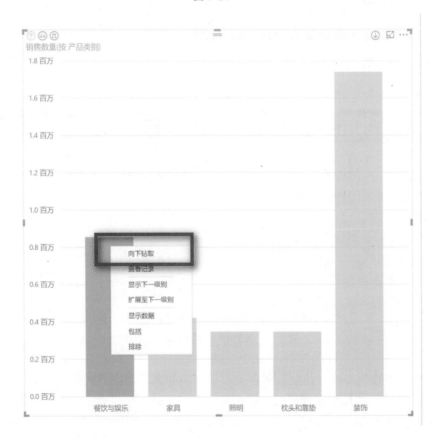

图 4-32

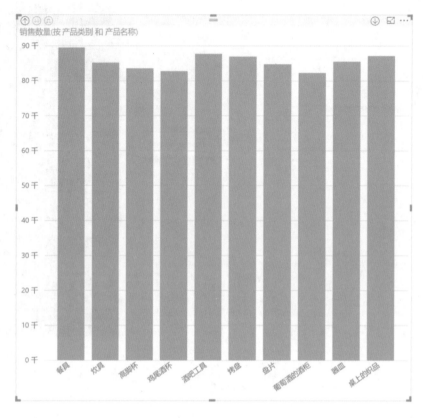

图 4-33

4.9   关于日期和时间处理

数据处理中，时间格式往往是我们需要重点处理的数据类型。当数据获取后，在格式设置中需要选取相应的时间格式，图 4-34 展示了 Power BI 的时间格式类型，可以满足时间多样化的处理需求。

在进行数据分析过程中，有诸多的事项都具有日期和时间的属性。时间是极其特殊的数据类型。日期和时间处理有多种需求，比如一个日期，具备有年、月、日、季度、周等不同维度。DAX 中有强大的处理时间的函数。如对于销售记录，我们可以通过以下表达式创建年份、月份、季度的新列：

年份 = YEAR(' 销售记录 '[销售时间])

月份 = MONTH(' 销售记录 '[销售时间])

季度 = (' 销售记录 '[销售时间].[季度])

而在报表创建的时候，使用日期字段，会自动创建日期的层次关系，引用后有下钻功能。如图 4-35 所示，按照销售时间查看销售总额，系统自动生成了日期层次结构，展示了年度统计，可以下钻到季度、月份和日。如果你不需要这种下钻统计，单击销售时间字段的小三角按钮，出现图 4-35 所示的下拉菜单，选择销售时间即可按照时间序列展示数据，如

图 4-36 所示。

图 4-34

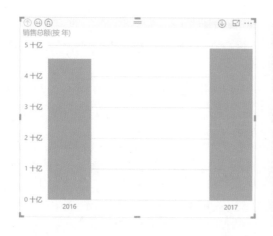

图 4-35

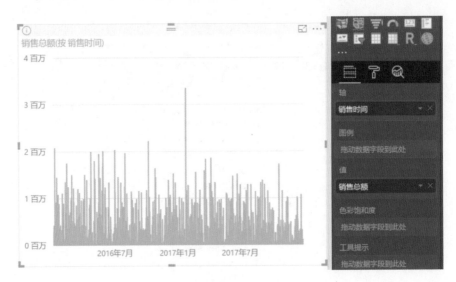

图 4-36

第 5 章　Power BI 报表

Power BI 最令人激动的功能就是能够让用户快速地创建丰富的报表。通过对数据的理解，使用 Power BI 的可视化视图组件，用户即可通过拖、拉、拽的方式轻松创建报表。本章通过对报表的介绍和指导式的操作，使用户能够快速掌握报表的制作，用炫酷的方式表达数据本质。

5.1　Power BI 报表概述

Power BI 报表通过一页或多页可视化效果（如折线图、饼图、树状图等图表和图形），直观地表达数据的含义，使用户更容易分析数据。可视化效果也称为视觉对象，目前 Power BI 已经有超过 124 个视觉对象，用户也可以自己进行可视化视觉对象的开发。

报表中所有可视化对象均来自单个数据集。在 Power BI 中可以从头开始创建报表，可以使用同事与你共享的仪表板导入报表，还可以从 Excel、Power BI Desktop、数据库、SaaS 应用程序和内容包连接到数据集时创建报表。例如，当你连接到包含 Power View 表的 Excel 工作簿时，Power BI 将基于这些表创建报表；当连接到 SaaS 应用程序时，Power BI 将导入预先构建的报表。

报表以单个数据集为基础。报表中的可视化效果分别表示信息的一个功能。此外，可视化效果不是静态的；你可以添加和删除数据，更改可视化效果类型，并在深入探究数据时应用筛选器和切片器，从而发现见解并寻找答案。

报表可以通过 Power BI Desktop 工具进行创作，并可以一键发布到 Power BI 共享服务中。授权用户登录 Power BI 门户后对报表进行浏览、编辑等；报表也可以通过 Power BI Report Server 进行部署和共享，以及权限控制，具有不同权限的人员可进行浏览、设计、共享等不同的操作。

5.2　Power BI 创建报表

报表可以通过 3 种方式创建。第一种方式是使用 Power BI Desktop 进行创建，报表创建完成后，可以发布到 Power BI 服务，通过网页进行浏览，也可以另存为 pbix 文件在本地分享。第二种方式是使用 Power BI Desktop（RS）进行创建，创建方法与 Power BI Desktop 基本相同，可以另存到 Power BI Report Server 上，作为内部部署 Power BI 报表的方式。第三种方式是在 Power BI 门户上在线创建，使用方式与 Power BI Desktop 基本相同。

下面我们来分别介绍这 3 种创建方法。

第一种方式是使用 Power BI Desktop 创建。我们打开 Power BI Desktop，导入第 4 章中使用的测试数据，并执行以下操作来创建第一份报表。

（1）从可视化中单击第一个可视化：堆积条形图，在字段中选择"轴"为"产品"表中的"产品类别"字段；"图例"为"渠道"表中的"渠道名称"字段；"值"为"销售记录"表中的"销售总额"字段。设置时用鼠标左键选择相应的表中的字段，然后将其拖动到相应的可视化字段位置即可。设置完成的结果如图 5-1 所示。

（2）从可视化中单击折线图（第二排第一个对象），在字段中选择"轴"为"销售记录"表中的"销售时间字段"；"值"为"销售数量"字段。设置完成后的结果如图 5-2 所示。然后单击报表中的折线图，将格式中的"数据标签"设置为"开"；接着在左上角单击"展开层次结构中的所有下移级别"，可以按照年月日进行下钻。

图5-1

图5-2

（3）从可视化中选择"簇状条形图"（第一排第三个对象），在字段中选择"轴"为"产品"表中的"产品类别"字段；"图例"为"渠道"表中的"渠道名称"字段；"值"为"销售记录"表中的"毛利润"字段。设置完成的结果如图 5-3 所示。

从可视化中选择"饼图"，"图例"为"产品信息"表中的"产品类型"字段；"值"为"销售记录"表中的"销售数量"字段。设置完成的结果如图 5-4 所示。

设置完成后，单击报表中的可视化视图的 4 个角可以进行拉动缩放，也可以单击可视化视图进行移动。将 4 个可视化视图进行整理和排列后的效果如图 5-5 所示。这样就创建好了一份一页的报表，单击左下角的加号，即可添加新的报表页面。

图5-3

图5-4

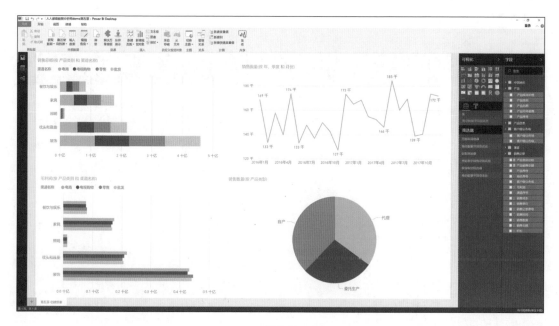

图5-5

第二种创建报表的方法是使用 Power BI Desktop（RS）版本，方法和 Power BI Desktop 一样，这里不做单独介绍。第三种创建报表的方法是在 Power BI 的门户上进行。使用你的账户登录到 Power BI，国内地址为：https://app.powerbi.cn，在门户上首先获取数据（获取数据等操作在其他章节讲解），之后在工作区的数据集中可以找到获取的数据集。单击数据集，即可开始创建报表，如图 5-6 所示，制作过程与 Power BI Desktop 一样，不再赘述。

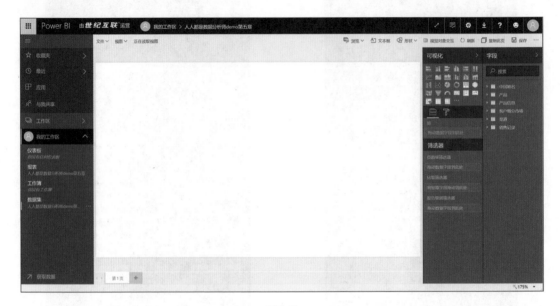

图5-6

使用可视化视图可以快速创建 Power BI 报表，即使是使用默认的配置，也可以生成炫酷的各式各样的报表，并且在本地、在线均有一致性的体验。

5.3　报表的筛选

报表呈现中，通过筛选可以实现更多的动态效果和对数据深入的探索。在 Power BI 中主要有以下方法进行筛选：

- 在报表画布即席筛选；
- 切片器；
- 视觉级筛选器；
- 页面级别筛选器；
- 报告级别筛选器；
- 钻取筛选器。

筛选器分为以下 3 个类型：

- 文本字段筛选器；
- 数值字段筛选器；

■ 日期和时间字段筛选器。

5.3.1 报表中即席筛选的使用

在报表画布上选择字段可以进行筛选并突出显示剩余页。如图 5-7 所示，单击"销售总额按照产品类别和渠道名称"可视化中的"餐饮与娱乐"中的"电商"，就筛选出并且突出显示了该类型的数据。如果要取消，则在空白处单击或者在选择的字段再次单击即可。该筛选和突出显示类型是交互式的，是一种快速浏览数据并获得分析的很好的体验。由于数据之间都会有关联性，所以所有的报表内的视图，都会自动进行联动，实现动态的数据效果。

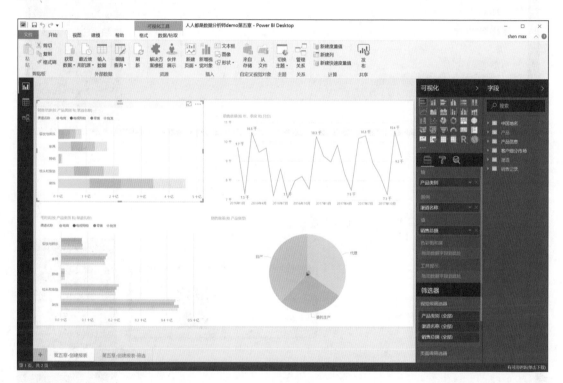

图5-7

5.3.2 切片器

切片器是在报表中的可视化效果，是在画布内的视觉筛选器。切片器作为报表的一部分，可以帮助实现快速的分析数据。在报表中加入切片器，并从可视化窗格中选择切片器，如图 5-8 所示。

选择切片器后，在字段中加入需要筛选的字段，如图 5-9 所示，报表中加入了产品类型作为切片器。

切片器可设置为下拉菜单或者列表，并接受单选、多选或者全选。如果将切片器方向从默认的垂直改为水平，它将变为选项栏而非清单，如图 5-10 所示。

图5-8

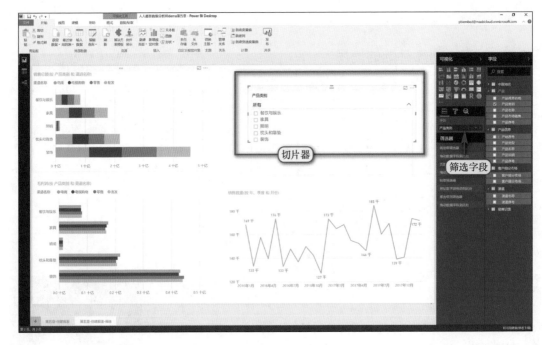

图5-9

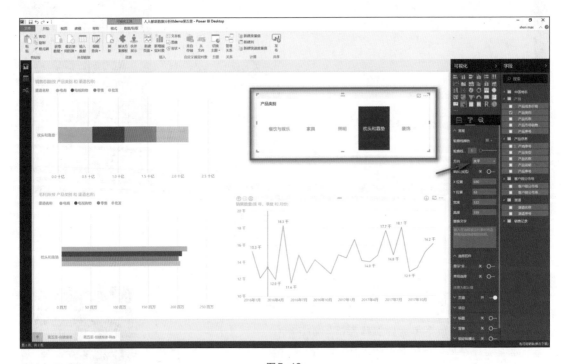

图5-10

如果使用时间字段作为筛选器，就会有时间轴拖动的效果和更多的可选性。如图 5-11 所示，可以使用时间切片器非常灵活地对报表数据进行时间分割。

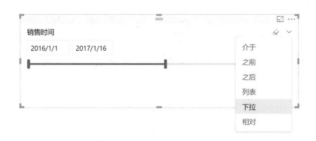

图5-11

5.3.3 筛选器概述

报表筛选中，很多时候需要使用报表的筛选器进行筛选。报表筛选器按照使用的范围可分为以下类型：

- 视觉级别筛选器；
- 页面级别筛选器；
- 报告级别筛选器；
- 钻取筛选器。

视觉级别筛选器的作用是对特定的视觉对象进行筛选；页面级别筛选器是对整个报表页进行筛选；报告级别筛选器是对整个报表进行筛选；钻取筛选器则在钻取时使用。

如图5-12所示，在进行报表编辑时，图中数字①区域是视觉级别筛选器，单击每一个视觉对象，选择的字段就会自动加入到这里。如果需要添加更多的字段进行筛选，则拖动字段到此处即可。这里进行筛选数据的作用域为选定的特定视觉对象。

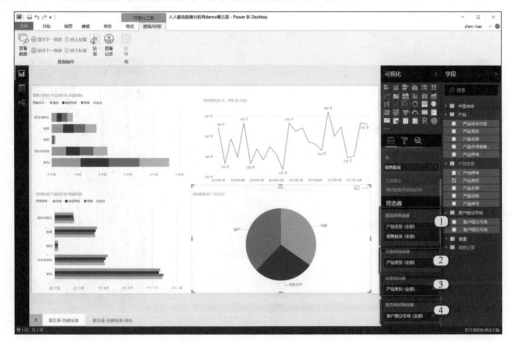

图5-12

数字②区域是页面级别筛选器，拖动字段到此处即可加入相应的筛选字段。

数字③区域为钻取筛选器。当加入了相应的筛选字段时，从其他报表中使用了相同字段的视图中，单击鼠标右键即可钻取到此报表进行筛选。在图 5-12 中选择了产品类别作为钻取字段，在图 5-13 中单击使用产品类别字段的视图，鼠标右键即可出现下钻选项，选择钻取的页面，就可出现图 5-14 所示的钻取效果。

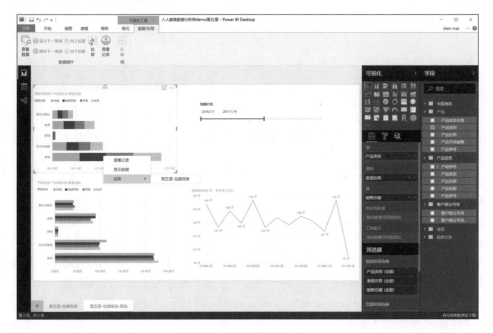

图5-13

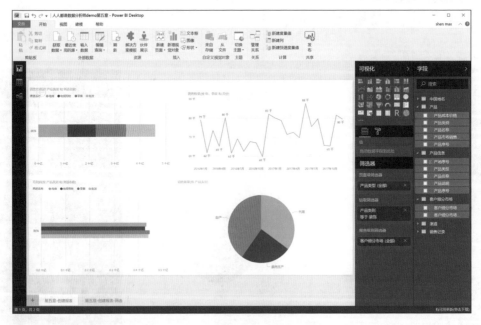

图5-14

图 5-12 中的数字④区域为报告级别筛选器，此筛选器作用于整个报表。

5.3.4　筛选器的字段类型

　　根据字段类型，筛选器可以分为文本字段筛选器、数值字段筛选器、日期和时间字段筛选器。

　　文本字段筛选器可以分为 3 种方式筛选。第一种是"基本筛选"类型，如图 5-15 所示，为列表模式，可以多选。第二种是"高级筛选"类型，如图 5-16 所示，使用下拉控件和文本框来标识要包括哪些字段，并通过在"且"和"或"之间选择，可以生成复杂的筛选器表达式。第三种是"前 N 个"类型，如图 5-17 所示，可筛选该字段的前 N 个数据。选择或者设置相应的筛选值后即可进行筛选。

图 5-15　　　　　　　　　　图 5-16　　　　　　　　　　图 5-17

　　注意，"前 N 个"筛选类型只在视觉筛选器中应用；钻取筛选器只能列表单选。

　　数值字段筛选器也分为列表模式和高级模式，高级模式可以进行范围值选择。通过在"且"和"或"之间选择，可以生成复杂的筛选器表达式，如图 5-18 和图 5-19 所示。

　　日期字段筛选器的基本筛选与文字的基本筛选类似，为列表模式。高级筛选模式如图 5-20所示，可以根据相应的筛选条件，指定时间，并根据"且"和"或"进行更为复杂的筛选。日期筛选还提供了相对日期筛选，如过去多少天、未来多少天的筛选模式。

图 5-18　　　　　　　　　　图 5-19　　　　　　　　　　图 5-20

5.4 编辑交互

默认情况下，报表页上的可视化组件可用于交叉筛选和交叉突出显示页面上的其他可视化组件。比如单击饼图中的"代理"，则页面中的其他视图会筛选"代理"相关的数据，如果需要改变此默认操作，可以使用编辑交互来实现。如图 5-21 所示，选取可视化组件，在菜单栏中出现可视化工具，其中的格式卡上有编辑交互选项。在图中数字①区域单击"编辑交互"，出现图中数字②的选项，从左到右为："筛选"按钮，表示可以交叉筛选其他可视化组件；"突出显示"按钮，表示突出显示该可视化组件；"无"按钮，单击此按钮表示不会进行交互。

注意：此功能只在编辑时起作用。

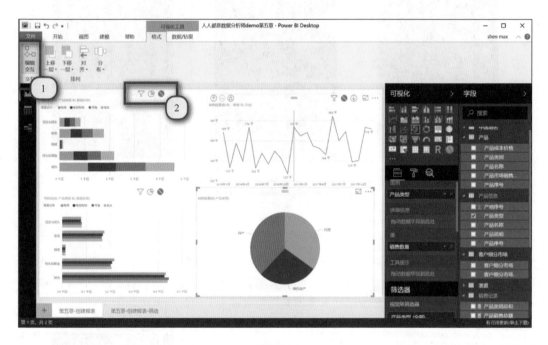

图5-21

5.5 使用自定义可视化视觉对象

目前，Power BI 默认自带了 30 个可视化视觉对象。Power BI 可以使用自定义视觉对象。自定义视觉对象目前已经拥有超过 124 种视觉对象，而且有用户不断地在开发和发布自定义视觉对象。

有两种方式导入自定义视觉对象，第一种是单击开始选项卡中的"来自存储"或者单击可视化下方的更多按钮，选择"从存储导入"，出现图 5-22 所示的界面，然后选择需要导入的可视化对象单击"添加"即可。

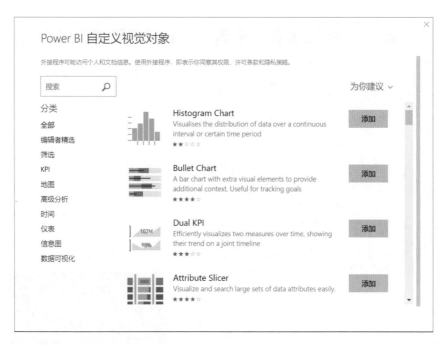

图5-22

第二种方式是下载可视化对象（后缀名为 pbiviz），所有自定义视觉对象可以在此链接查找：https://appsource.microsoft.com/zh-CN/marketplace/apps?product=power-bi-visuals&page=1&src=office，如图 5-23 所示。

图5-23

Power BI 自定义对象的界面上均有相应的自定义可视化对象的使用说明和案例文件，可直接下载学习，如图 5-24 所示。

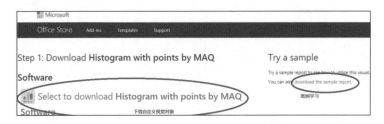

图 5-24

　　下载了自定义视觉对象文件后，就可以通过开始选项卡的"从文件"或者单击可视化下方的更多按钮，选择"从文件导入"，如图 5-25 所示。

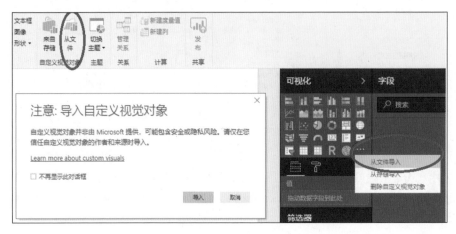

图 5-25

　　添加后，可视化窗体会显示先加入的可视化对象，如图 5-26 所示，加入了 2 个自定义可视化对象。

图 5-26

5.6　书签

5.6.1　书签介绍

　　Power BI 中的书签功能可以捕获当前配置的报表页视图，并且保留视觉对象的筛选器状态，只需要选择保存的书签即可恢复相应的状态。书签有许多用途，可以用来跟踪用户的报表创建进度。书签可以随意添加、删除和重命名。通过创建书签可以生成类似于 Power Point 的演示文稿，依序逐一展示所有书签，通过报表诠释情景。

选择"视图"功能区，再选中"书签窗格"对应的框，即可出现书签窗格。如图 5-27 所示，单击"添加"即可创建书签，并保存当前的以下元素：

- 当前页；
- 筛选器；
- 切片器；
- 排序顺序；
- 钻取位置；
- 可见性（对象可见性，使用"选择"窗格）；
- 任何可见对象的"焦点"或"聚焦"模式。

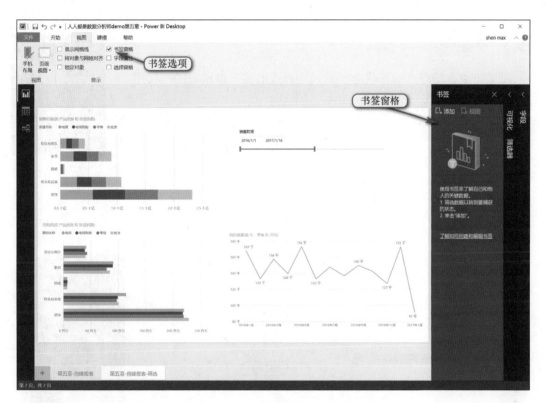

图5-27

5.6.2 书签常用操作

书签创建完成后，拖动书签即可进行排序。默认书签会自动命名为"书签一""书签二"等，你可以选择书签名称旁边的省略号，再从出现的菜单中选择操作，轻松地重命名、删除、更新书签，如图 5-28 所示。

图 5-28

5.6.3　书签放映

书签可以像幻灯片一样进行播放，选择"书签"窗格中的"视图"即可进行幻灯片播放，如图 5-29 所示。

单击"视图"后出现放映模式，如图 5-30 所示。

图 5-29

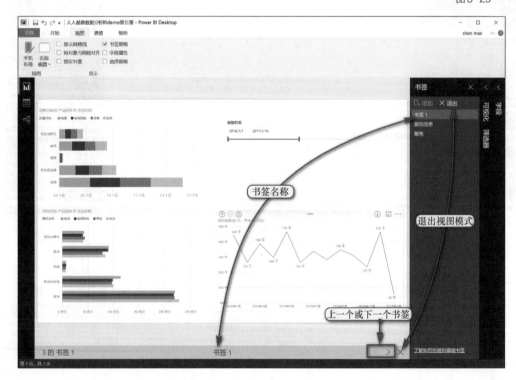

图 5-30

书签放映模式下，有几项功能值得注意：

（1）书签名称显示在画布底部的书签标题栏中。

（2）书签标题栏中的箭头可用于移到下一个或上一个书签。

（3）退出"视图"模式的具体方法为选择"书签"窗格中的"退出"，或选择书签标题栏中的"×"。

放映模式下，可以关闭"书签"窗格（单击此窗格上的"×"），为演示文稿提供更多空间。同时，在"视图"模式下，所有视觉对象都可以进行交互和交叉突出显示，就像在其他情况下与它们交互时一样。

5.6.4 形状和图像的书签关联

在报表中可以通过形状和图像的"链接"功能像超级链接一样访问书签。

若要将书签分配给对象，可以依次选择对象和"设置形状格式"窗格中的"链接"，如图 5-31 所示。

将"链接"滑块移至"开"后，便可以选择对象是链接还是书签。如果选择书签，可以选择要与对象相关联的书签。

在编辑模式下，可以在按住 Ctrl 键的同时单击对象，从而访问关联的书签；在非编辑模式下，只需单击对象，即可访问关联的书签。

图5-31

5.6.5 使用聚焦和焦点模式

与书签一起配合使用的一项功能是"聚焦"。使用"聚焦"，可以吸引用户注意特定图表。单击视觉对象右上角的省略号，在菜单中选择"聚焦"，则出现图 5-32 所示的使用"聚焦"模式，可以让页面上的其他所有视觉对象淡化到接近透明，从而按原始尺寸突出显示一个视觉对象。

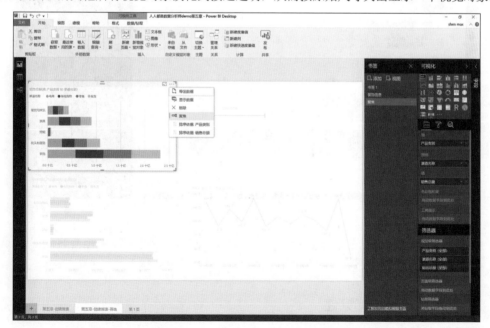

图5-32

　　另外一种模式是焦点模式。单击可视化视图右上的焦点模式按钮，如图 5-33 所示，单击之后可以让一个视觉对象占满整个画布，如图 5-34 所示。

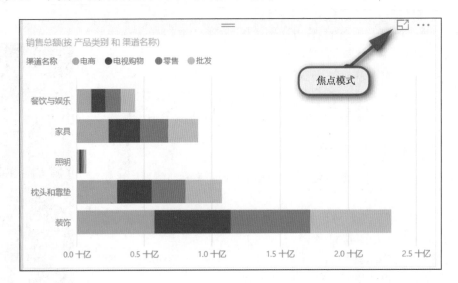

图5-33

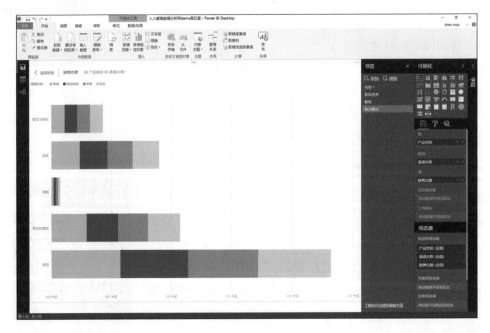

图5-34

　　如果添加书签时选择了"焦点模式"或者"聚焦模式"，书签中会一直保留此模式（"焦点"或"聚焦"）。

5.6.6　使用视觉对象可见性

　　视觉对象可以隐藏或者显示，因此可以在添加书签时候选择是否隐藏一些视觉对象。如图 5-35

所示，选择视图选项卡，勾选"选择窗格"，则出现"选择"窗格，如图 5-36 所示，在窗格中，单击视觉对象右侧的眼睛图标，切换设置对象当前是否可见。图 5-36 中隐藏了一个视觉对象，隐藏的视觉对象区域为空白。

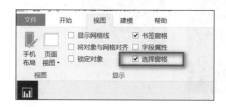

图5-35

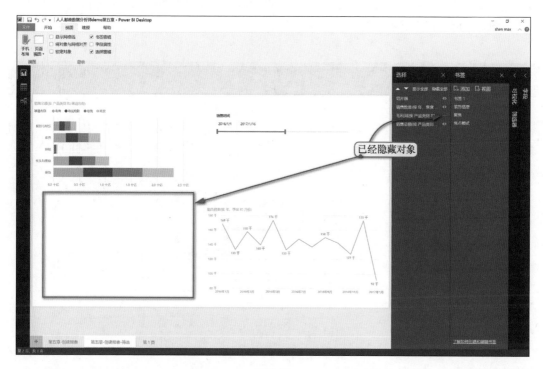

图5-36

添加书签时，每个对象的可见状态也随之保存，具体视"选择"窗格中的设置而定。

请务必注意，"切片器"会继续筛选报表页，无论它们是否可见。因此，可以创建切片器设置多个不同的书签，让一个报表页在各种书签中呈现出截然不同的显示效果。

5.6.7　Power BI 服务中的书签

将包含至少一个书签的报表发布到 Power BI 服务后，可以在 Power BI 服务中查看这些书签，并与之交互。对于发布的每个报表，在发布前必须在报表中创建至少一个书签，才能在 Power BI 服务中使用书签功能。

在报表中创建书签后，可以依次选择"视图"→"书签窗格"，如图 5-37 所示，通过"书签窗格"来使用书签功能。

图 5-37

在 Power BI 服务中，"书签"窗格的使用方式与在 Power BI Desktop 中一样，包括可以选择"视图"功能，依序展示书签，如同放映幻灯片一样。

5.7　报表发布

报表制作完成后，需要发布到 Power BI 服务以分享给相关业务人员或者同组织的其他同事。发布 Power BI 在线服务，只需要单击开始选项卡"发布"功能即可，如图 5-38 所示。

图 5-38

假设你已经拥有了 Power BI 的账号，并且登录了 Power BI Desktop，单击后会出现选择发布到的目标的界面，如图 5-39 所示。

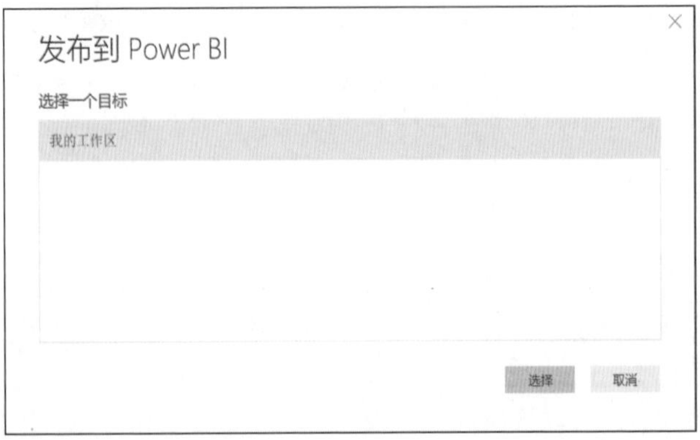

图 5-39

　　选择后，出现发布过程，如图 5-40 所示。完成后出现完成提示，如图 5-41 所示。单击提示完成的报表链接，即可跳转到 Power BI 服务报表。

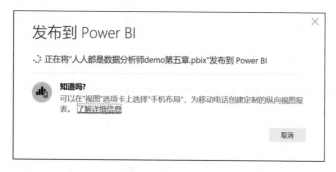

图5-40

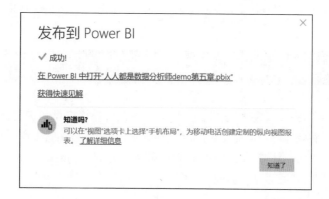

图5-41

第 6 章　Power BI 在线服务

Power BI 在线服务是一种 SaaS 服务，用户只需要拥有一个 Power BI 账号就可以进行在线报表的创建，既可以很容易地将报表分享给他人，也可以使用手机终端和平板电脑进行浏览。本章介绍如何使用在线服务，如何通过在线服务创建仪表板、报表和进行报表的分享等功能。

6.1　Power BI 在线服务介绍和主界面

Power BI 在线服务是一种基于云的商业分析服务，可为你提供关键业务数据的单一视图。Power BI 仪表板可以将商业用户最重要的指标集中到一个位置进行实时更新，并且支持任意设备，提供 360 度的全方位视图。只需一次单击，用户即可通过交互式分析探索仪表板背后数据的真相。

Power BI 在线服务还可以实现数据集的管理，统一整理组织的数据，无论在云端还是本地均可实现。利用 Power BI 网关，可将 SQL Server 数据库、Analysis Services 模型和其他很多数据源连接到 Power BI 中的同一个仪表板。若已拥有报告门户或应用程序，就可嵌入 Power BI 报表和仪表板实现一致的体验。

Power BI 在线服务同样可以利用数据集进行在线报表的创作，其应用体验与本地 Power BI Desktop 基本一致。Power BI 在线服务实现用户无论何时、无论何地、无论何种数据类型、无论何种平台，可以轻松地去管理、维护、探索数据。

假设你已经拥有了一个 Power BI 服务的账号，并且有一些数据，制作了报表和仪表板。登录到 Power BI 在线服务（国内的登录地址为 http://app.powerbi.cn/；国际版登录地址为 https://app.powerbi.com），就可以看到图 6-1 所示的界面。由于 Power BI 更新很快，你所看到的界面可能与图 6-1 所示有所不同。

如图 6-1 所示，按照数据区域所示包含的功能如下：

（1）Office 365 应用程序启动程序。

（2）Power BI 主页按钮（世纪互联运营为国内版本）。

（3）搜索功能。

（4）导航栏。

（5）最近项目列表，包含报表、仪表板、数据集等。

（6）通知、设置、下载、帮助和反馈按钮。

（7）用户信息。

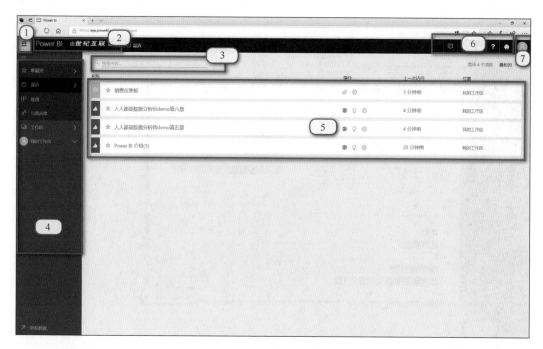

图6-1

6.2 仪表板

6.2.1 仪表板介绍

仪表板是多种可视化对象的组合。可视化对象可以是：

■ 不同数据集的可视化对象；

■ 显示不同报表的可视化对象；

■ 其他工具（如 Excel）中固定的可视化对象。

仪表板可以创建，也可以共享。它是一个画布，其中包含零个或多个磁贴和小组件。每个磁贴显示通过数据集创建并固定到仪表板的单个可视化对象。将磁贴添加到仪表板中有多种方法。

在图 6-1 所示的界面中，单击"销售仪表板"可出现仪表板界面，如图 6-2 所示。

此界面主要功能区有：

（1）问答可以实现自然语言和数据进行交互（在第 9 章详细介绍）。

（2）导航栏可以切换到其他仪表板、报表、工作簿和数据集。

（3）仪表板区为仪表板展示区，显示了各种可视化对象，可任意拖动进行排列，还可以进行 Web 视图和电话视图的不同排列。单击仪表板的磁贴可以跳转到相应的报表。

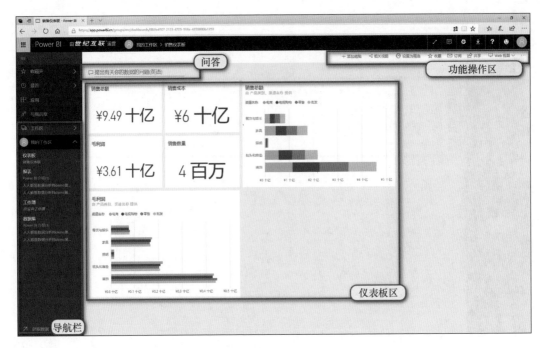

图6-2

（4）功能操作区有添加磁贴、相关视图、设置为精华、收藏、订阅、共享等多个功能；"Web 视图"可以进行 Web 视图和电话视图编辑；单击"…"更多按钮，你还可以看到：复制仪表板、打印仪表板、刷新仪表板磁贴、性能检查器、设置等功能。

6.2.2　仪表板创建

在报表界面中，鼠标移动到可视化视图，右上角会出现"固定视觉对象"按钮，如图 6-3 所示，单击此按钮即可将磁贴添加到现有仪表板或者创建一个新的仪表板，如图 6-4 所示。

图6-3

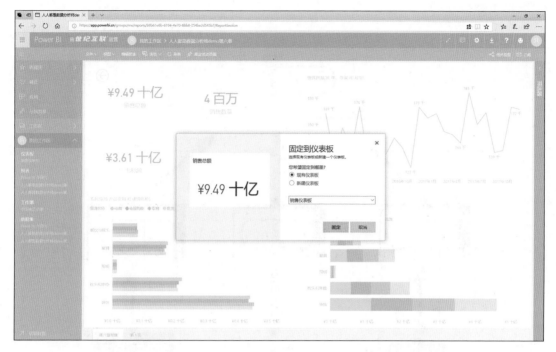

图6-4

按照这样的方法可以将不同报表和不同数据集的数据集中在一个仪表板进行展示，并将你更为关心的数据在一个界面中展示。如果你有如下需求，仪表板是很好的选择：

- 需要快速查看做出决策所需的所有信息
- 监视有关业务的最重要的信息；
- 确保同一页面上的所有同事均可查看和使用相同的信息；
- 监视业务、产品、业务部门或市场营销活动的运行状况；
- 创建更大仪表板的个性化视图。

6.2.3 仪表板与报表的区别

仪表板上的可视化效果来自报表，每个报表均基于一个数据集。图 6-5 展示了这 3 者之间的关系。

仪表板不仅仅是一张漂亮的图片，还具有高度互动性和高度可定制性，并且磁贴随着基础数据的更改而更新。

仪表板是监控业务、寻找答案以及查看所有最重要指标的绝佳方法。仪表板上的可视化效果可能来自一个或多个基础数据集，也可能来自一个或多个基础报表。仪表板将本地数据和云数据合并到一起，提供合并视图，并且使用流式数据或者直接查询数据方式，实现数据实时的刷新和更新。在许多业务场景中需要进行实时的展现，甚至需要设置报警，仪表板可以轻松地实现这些功能。

仪表板与报表经常混淆，虽然两者的表现形式上都是在画布上排列各种可视化对象，并都是磁贴的组合，但是两者有很大的区别。表 6-1 将两者间的功能进行了对比。

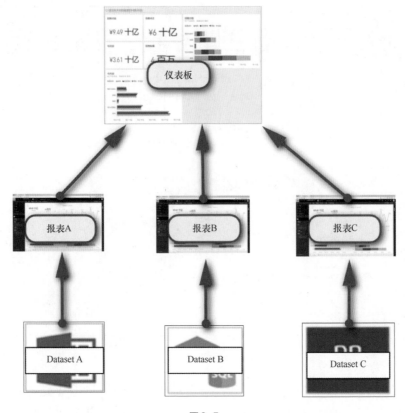

图6-5

表6-1

功　能	仪　表　板	报　表
页面	一个页面	一个或多个页面
数据源	每个仪表板的一个或多个报表和一个或多个数据集	每个报表的单个数据集
可用于 Power BI Desktop	否	是，可以在 Power BI Desktop 中创建和查看报表
固定	只能将现有的可视化效果（磁贴）从当前仪表板固定到其他仪表板	可以将可视化效果（作为磁贴）固定到任何仪表板。也可以将整个报表页面固定到任何仪表板
订阅	无法订阅仪表板	可以订阅报表页面
筛选	无法筛选或切片	有许多不同的方式来筛选、突出显示和切片
设置警报	当满足某些条件时，可以创建警报以向你发送电子邮件	否
功能	可以将一个仪表板设置为"精选"仪表板	无法创建精选报表
自然语言查询	从仪表板可用	从报表不可用
可以更改可视化效果类型	不行。事实上，如果报表所有者更改报表中的可视化效果类型，那么仪表板上的固定可视化效果不会更新	是

续表

功　　能	仪　表　板	报　　表
可以看到基础数据集表和字段	不行。可以导出数据，但看不到仪表板本身的表和字段	是的。可以查看数据集表和字段以及值
可以创建可视化效果	仅限于使用"添加磁贴"向仪表板添加小部件	可以通过"编辑"权限创建许多不同类型的视觉对象、添加自定义视觉对象、编辑视觉对象等
自定义	可以通过移动和排列、调整大小、添加链接、重命名、删除和显示全屏等可视化效果（磁贴）进行自定义，但是数据和可视化效果本身是只读的	在"阅读"视图中，可以发布、嵌入、筛选、导出、下载，查看相关内容，生成QR码，在Excel中进行分析等。在"编辑"视图中，可以执行目前为止所提到的一切操作，甚至更多操作

6.3　报表

　　报表以单个数据集为基础。报表中的可视化效果分别表示信息的一个功能。此外，可视化效果不是静态的；你可以添加和删除数据，更改可视化效果类型，并在深入探究数据时应用筛选器和切片器，从而发现见解并寻找答案。报表类似于仪表板，但它具有高度互动性和高度可定制性，其可视化效果随着基础数据的更改而更新。报表可以在Power BI Desktop中进行编辑，第5章详细介绍了报表如何制作和发布。

　　单击相应的报表，出现的报表界面如图6-6所示。工作区可以切换工作簿、报表、数据集、仪表板，还有收藏夹、最近使用的项目、应用等功能。

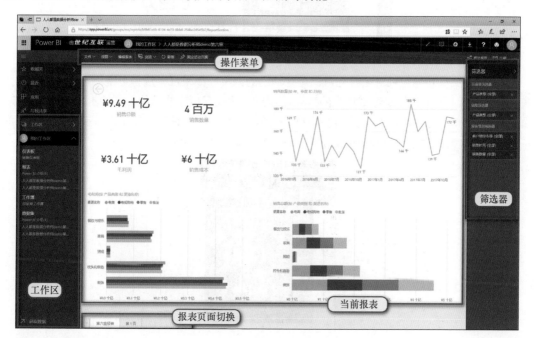

图6-6

操作菜单有文件、视图、浏览、固定活动页面等功能，右上角有订阅和相关视图功能。

"文件"菜单功能如图 6-7 所示，可以另存报表、打印报表、发布公开的 Web 连接、导出到 PowerPoint、下载报表。

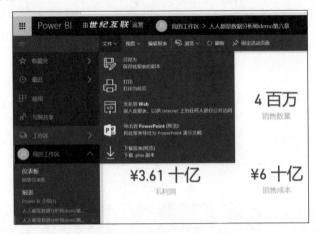

图6-7

"视图"菜单方便你进行报表的浏览，在"视图"中可以调整页面大小、适应宽度，并打开和关闭选择窗格、书签窗格，如图 6-8 所示。

图6-8

"浏览"菜单功能是针对可视化对象进行辅助的浏览，如果没有选择可视化对象，则菜单为灰色，如图 6-9 所示。如果选择相应的可视化对象，并且有相应的功能，则会出现相应的菜单。如图 6-10 所示，图中有数据展示和进行钻取的操作。钻取操作对应的按钮可以在可视化对象的左上角找到，数据浏览和查看记录操作可以在可视化对象的右上角找到。

图6-9

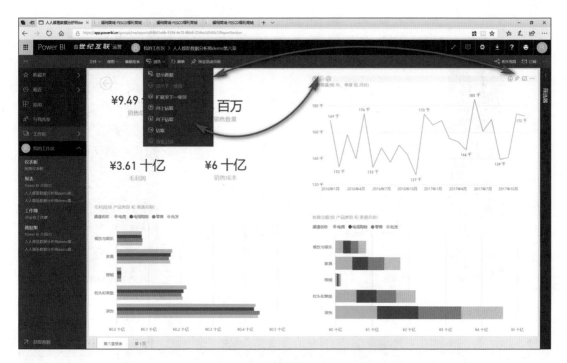

图6-10

单击"固定活动页面"可以将整个报表固定到仪表板，如图 6-11 所示。

图6-11

单击"编辑报表"可以在线编辑报表，编辑界面如 6-12 所示，编辑方法与 Power BI Desktop 相同，参见第 5 章。

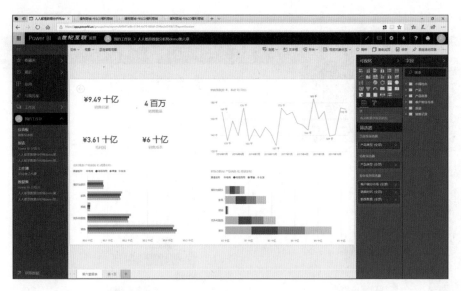

图 6-12

6.4   分享与协作

6.4.1   使用工作区

Power BI "应用工作区"是在仪表板、报表和数据集上与同事协作以创建应用的好地方。创建好工作区后，从 Power BI Desktop 创建的报表可以发布到 Power BI 服务相应的工作区内，有权限的用户即可访问发布后的报表。

如图 6-13 所示，单击"工作区"→"创建应用工作区"，出现创建界面。

图 6-13

　　输入工作区名称，单击工作区 ID 下面的编辑按钮，创建一个工作区 ID，并添加相应人员访问工作区的权限，如图 6-14 所示，单击"保存"即可创建工作区。创建完成后如图 6-15 所示。每个工作区内都能管理相应的仪表板、报表、工作簿、数据集。相应的用户具备查看权限或编辑权限，从而可以很好地进行多用户的共享和协作。例如可以按销售、财务、IT 等部门创建各部门工作区，也可以按照职务（如经理）创建相应工作区。

图6-14　　　　　　　　　　　　　　　　　　　　图6-15

6.4.2　报表的分享

　　报表分享有两种方式。第一种方式为公开链接，没有权限控制。单击"文件"菜单下"发布到 Web"，如图 6-16 所示。

图6-16

在创建界面上单击"创建嵌入代码",如图 6-17 所示。根据提示,生成图 6-18 所示的访问链接。此链接为公开链接,打开访问的界面如图 6-19 所示,可以阅读、交互等。

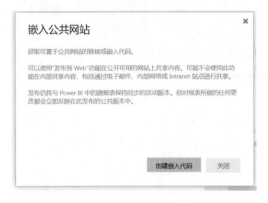

图6-17

图6-18

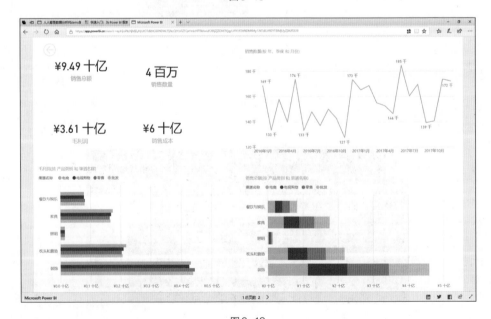

图6-19

　　第二种分享方式是单击界面右上角的省略号，如图 6-20 所示，将生成的 QR 码进行分享。生成的 QR 码可以打印出来，也可以放在电子邮件中。用户通过移动终端或者计算机扫描软件扫描 QR 码，即可访问报表，如图 6-21 所示。按此方式分享的时候，用户需要有访问权限，若有编辑权限，还可以进行编辑。

图6-20

图6-21

6.4.3　仪表板的分享

　　仪表板可以从首页列表共享，如图 6-22 所示，单击共享图标；也可以在工作区中单击仪表板省略号中的"共享"按钮或者单击仪表板界面顶端的"共享"按钮，如图 6-23 所示。出现图 6-24 所示的界面后，输入需要共享的用户的邮件地址即可共享。并单击"共享"即可进行单击"访问"按钮可查看此仪表板已经共享的用户。

图6-22

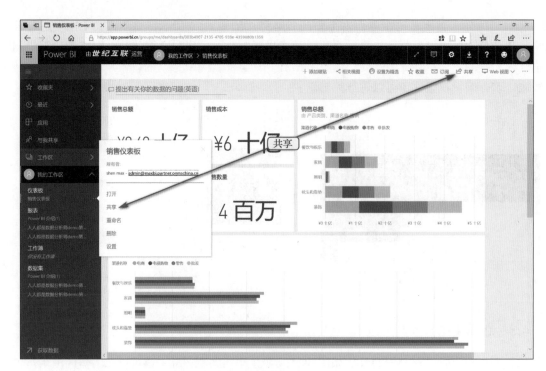

图6-23

图6-24

此方法适合共享给组织内的用户，用户具有相同的访问权限。如果在数据集做了进一步的行级安全限制，则会受到行级安全性的限制。

与组织外的人员共享时，用户会收到带有指向共享仪表板的链接的电子邮件，而且他们必须登录 Power BI 才能查看仪表板。如果他们没有 Power BI Pro 许可证，则可以在单击链接后进行注册。

登录 Power BI 后，就可以在浏览器窗口（而不是常用的 Power BI 门户）中看到没有左侧导航窗格的仪表板。他们需要将该链接保存为书签以便将来访问此仪表板。

组织外的用户不能编辑此仪表板或报表内的任何内容。他们可以与报表（交叉突出显示）中的图表进行交互，并更改链接到仪表板的报表上的任何筛选器 / 切片器，但不能保存更改。

只有你的直接收件人才能看到共享仪表板。例如，如果发送电子邮件至 Vicki@contoso.com，则只有 Vicki 才能看到仪表板。其他人都看不到该仪表板，即使他们有链接；并且 Vicki 必须使用相同的电子邮件地址来访问该仪表板。如果她使用其他的电子邮件地址进行注册，也将无权访问该仪表板。

如果角色级或行级安全性是通过本地 Analysis Services 表格模型实现的，则组织外的人员将完全无法查看任何数据。

如果从 Power BI 移动应用向组织外部人员发送链接，则外部人员单击链接后会在浏览器（而不是 Power BI 移动应用）中打开仪表板。

6.5　使用第三方应用

在 Power BI 中，应用将相关仪表板和报表汇总到一处。组织中的人员可以创建并分发包含关键业务信息的应用。已使用的外部服务（如 Adobe Analytic 和 Microsoft Dynamics CRM）也可能提供 Power BI 应用。

可以在 Power BI 服务和移动设备上轻松找到并安装应用。安装应用后，无须记住许多不同仪表板的名称，因为它们已被全部汇总到应用、浏览器或移动设备中。借助应用，只要应用作者发布更新，就会自动看到变化。作者还可以控制数据的计划刷新频率，这样就不必担心需要不断更新了。

可以通过两种不同的方式获取应用。第一种方式是应用作者向你发送应用的直接链接；第二种方式是在 AppSource 中进行搜索，在其中可以看到所有可以访问的应用。在移动设备上的 Power BI 中，只能通过直接链接（而不是 AppSource）安装应用。如图 6-25 所示，单击左侧导航栏"应用"即可看到已经安装的应用并获取更多应用选项。

单击"从 Microsoft AppSource 获取更多应用"后会出现图 6-26 所示的界面。选择需要安装的应用进行安装即可。大多数应用都需要进行授权，需要根据提示输入相关信息。本例安装了 Microsoft Dynamics CRM，在图 6-25 中可看到已经安装的 Microsoft Dynamics CRM，单击进入可以看到图 6-27 所示的应用内容。应用是仪表板、报表、数据集的集合，如有需要可以分别进行浏览。

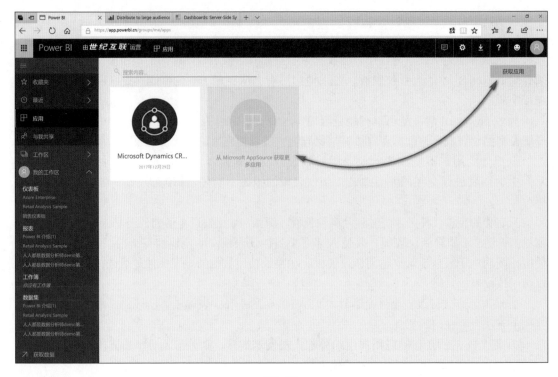

图6-25

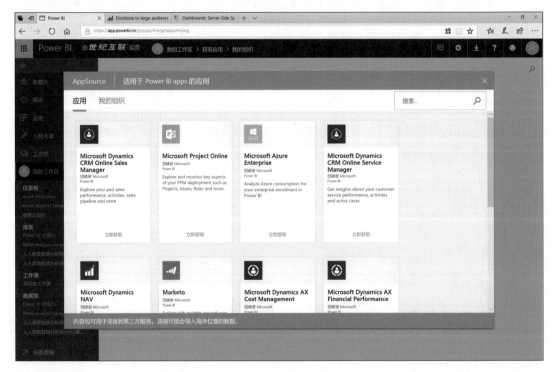

图6-26

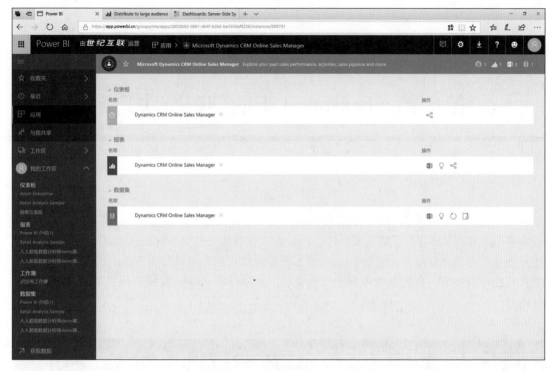

图6-27

第 7 章 Power BI 本地部署解决方案

很多用户在进行数据分析和报表创建的时候比较注重数据的安全性和一些报表的隐私性，更希望在企业内部部署自己的报表环境。Power BI 报表服务器提供本地部署的解决方案，方便用户在企业内部进行部署。使用 Power BI 报表服务器，用户可以发布 Power BI 报表、移动报表和传统分页报表，打造企业内部的报表中心。本章介绍 Power BI 报表服务器的部署、配置等内容。

7.1 Power BI 报表服务器介绍

Power BI 报表服务器是客户在自己的本地环境中部署的解决方案，用来创建、发布和管理报表，然后以不同的方式将报表传送给适当的用户。用户可以在 Web 浏览器、移动设备或收件箱中以电子邮件的形式查看报表。

Power BI 报表服务器提供了如下一套产品。

（1）可以在任意浏览器中查看的新式 Web 门户。在 Web 门户中，可以整理并显示报表和 KPI。此外，还可以在门户上存储 Excel 工作簿。

（2）使用 Power BI Desktop 创建的 Power BI 报表，可以在你自己环境中的 Web 门户内查看。

（3）分页报表，且支持传统的分页报表，使用报表设计器进行开发，并且可以部署到新的 Web 门户进行查看。

（4）含响应式布局的移动报表，此类布局可适应不同的设备以及不同的屏幕方向。

Power BI 报表服务器提供了对 Power BI 报表、分页报表、移动报表的存储和管理，并且能借助开发与本地的应用结合，嵌入到本地的应用中。它也可以利用本地的域服务环境，实现权限的管理和控制，达到行级别的安全性控制。

7.2 Power BI 报表服务器部署要求

7.2.1 服务器软硬件要求

安装并运行 Power BI 报表服务器所需要的最低硬件和软件要求请见表 7-1。

表 7-1

组　　件	要　　求
.NET Framework	4.6
硬盘	Power BI 报表服务器至少需要 1 GB 的可用硬盘空间
内存	最小：1 GB 建议：至少 4 GB
处理器速度	最小：x64 处理器，1.4 GHz 建议：2.0 GHz 或更快
处理器类型	x64 处理器：AMD Opteron、AMD Athlon 64、支持 Intel EM64T 的 Intel Xeon、支持 EM64T 的 Intel Pentium IV
操作系统	Windows Server 2016 Datacenter Windows Server 2016 Standard Windows Server 2012 R2 Datacenter Windows Server 2012 R2 Standard Windows Server 2012 Datacenter Windows Server 2012 Standard Windows 10 家庭版 Windows 10 专业版 Windows 10 企业版 Windows 8.1 Windows 8.1 专业版 Windows 8.1 企业版 Windows 8 Windows 8 专业版 Windows 8 企业版

7.2.2　数据库服务器版本要求

报表服务器需要数据库进行信息存储，存储信息的 SQL Server 数据库引擎实例可以是本地或远程实例。以下是可用于托管报表服务器数据的 SQL Server 数据库引擎受支持的版本：

- SQL Server 2017
- SQL Server 2016
- SQL Server 2014
- SQL Server 2012
- SQL Server 2008 R2
- SQL Server 2008

在远程计算机上创建报表服务器数据库时，需要将连接配置为使用域用户账户或具有网络访问权限的服务账户。如果决定使用远程 SQL Server 实例，请仔细考虑报表服务器应使用哪些凭据来连接到 SQL Server 实例。

7.2.3　Analysis Service 要求

本地部署 Power BI 报表服务器，可以使用针对表格或多维实例的实时连接。Analysis Services 服务器必须满足正确的版本要求，才能正常工作，请见表 7-2。

表 7-2

服务器版本	所需的 SKU
2012 SP1 CU4 或更高版本	商业智能和企业版 SKU
2014	商业智能和企业版 SKU
2016 和更高版本	标准 SKU 或更高版本

7.3　安装Power BI报表服务器

安装 Power BI 报表服务器时，需要下载最新的 Power BI 报表服务器介质。最新的介质可以到此链接下载：https://powerbi.microsoft.com/zh-cn/report-server/。访问此链接后有图 7-1 所示的界面，建议单击"高级下载选项"。

图 7-1

高级选项打开后，界面如图 7-2 所示，在其中选择语言为"中文（简体）"，单击"详情"后可以看到有 3 个文件：

图 7-2

（1）PBIDesktopRS.msi：X86 版本的 Power BI Desktop RS，用于 32 位操作系统安装的
Power BI 内部服务器专用 Power BI Desktop 工具。

（2）PBIDesktopRS_x64.msi：X64 版本的 Power BI Desktop RS，用于 64 位操作系统安装
的 Power BI 内部服务器专用 Power BI Desktop 工具。

（3）PowerBIReportServer.exe：报表服务器安装文件（注意：图 7-2 中报表服务器版本为
2017 年 10 月版本，更新日期为 2017 年 12 月 11 日，以下报表服务器内容皆以此版本为基础
讲解）。

下载报表服务器文件，要选择合适的 Power BI Desktop RS 下载。报表服务器只能安装在
X64 的系统之中。完成后打开 PowerBIReportServer.exe 进行安装，安装欢迎界面如图 7-3 所示。

正规版本需要密钥。密钥有两种方式获得：第一是购买 Power BI 的 Power BI Premium 版
本，可获得内部部署的权限；第二是购买 SQL 企业版加 SA。如图 7-4 所示，如果选择免费版
本可以有 180 天的试用期，功能和正式版一样。如果有产品密钥，就直接单击输入从授权网站
得到的产品密钥。

　　　　图7-3　　　　　　　　　　　　　　　　　　　图7-4

单击"下一步"，如图 7-5 所示，查看许可条款，并且接受此条款。

单击"下一步"，安装数据库引擎，提示信息如图 7-6 所示。需要有数据库引擎来存储报
表数据库的数据，安装完成后再进行相关的配置。

　　　　图7-5　　　　　　　　　　　　　　　　　　　图7-6

单击"下一步",如图 7-7 所示,可指定安装位置。建议在默认位置安装。

单击"安装",即可开始安装。安装过程如图 7-8 和图 7-9 所示。

图7-7

图7-8

安装完成后如图 7-10 所示,可以选择配置服务器进行报表服务器的配置,也可以关闭,稍后进行配置。

图7-9

图7-10

7.4 配置 Power BI 报表服务器

7.4.1 报表服务器配置界面

单击配置报表服务器,或者在开始菜单找到 Report Server Configuration Manager 进行配置。打开之后,会出现连接界面,如图 7-11 所示,输入服务器名称和选择报表服务器的实例即可进行配置。

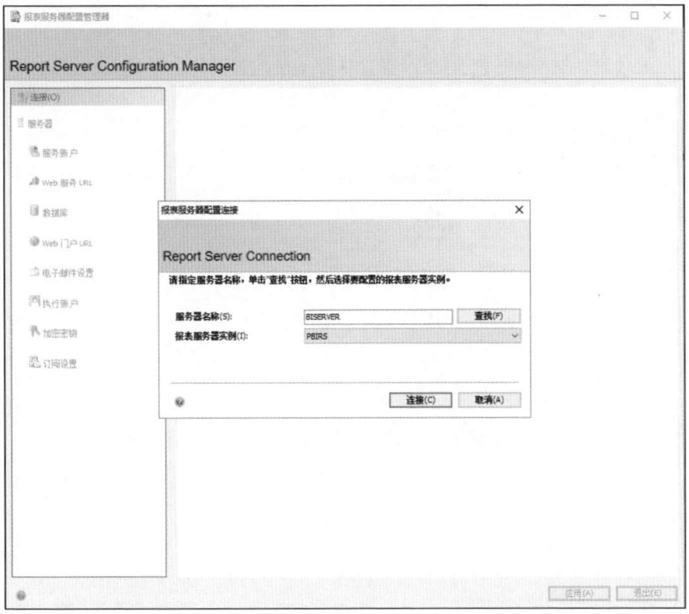

图7-11

连接服务器后，界面如图 7-12 所示。

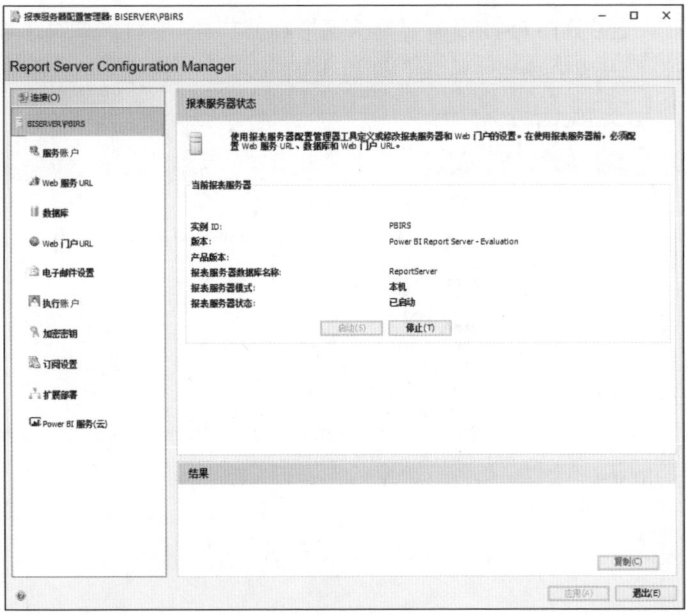

图7-12

7.4.2　服务账户配置

单击"服务账户"选项，出现图 7-13 所示的界面。可以使用内置账户或者自定义的域账户，如果需要跨服务器访问数据库，则建议使用域账户更为方便。

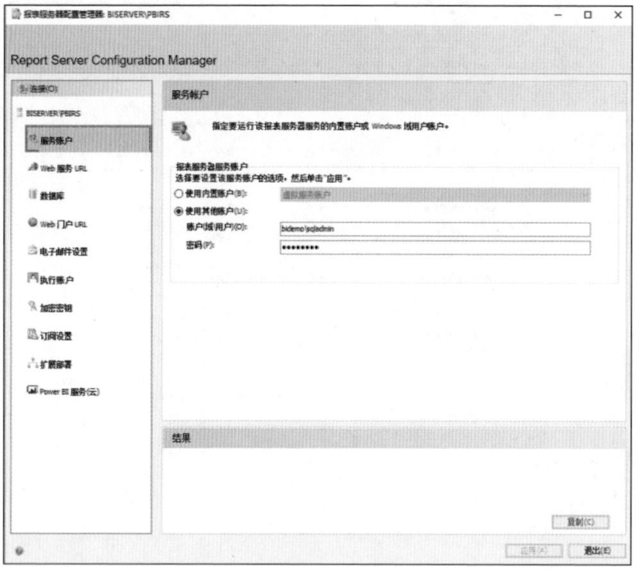

图 7-13

7.4.3   Web 服务 URL 配置

配置服务器的 Web 服务 URL 信息，如图 7-14 所示，主要配置信息有：提供服务的 IP 地址、TCP 端口，如果使用 HTTPS，则需要选择证书和 HTTPS 端口。高级选项中可以进行多个 HTTP 标识配置。设置完成后单击"应用"即可设置完成。

图 7-14

7.4.4   数据库配置

创建报表服务器数据库时，单击"数据库"界面，如图 7-15 所示。

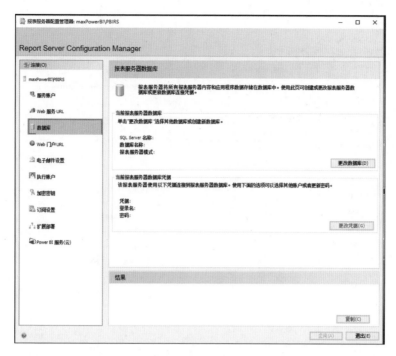

图7-15

　　单击"更改数据库",出现图 7-16 所示界面,可以选择创建新的报表服务器数据库,也可以选择现有报表服务器数据库。此处选择"创建新的报表服务器数据库"。单击"下一步"如图 7-17 所示,输入数据库服务器的名称、身份验证方式、访问数据库的用户名和密码。然后单击测试连接进行测试。成功后,单击"下一步"。

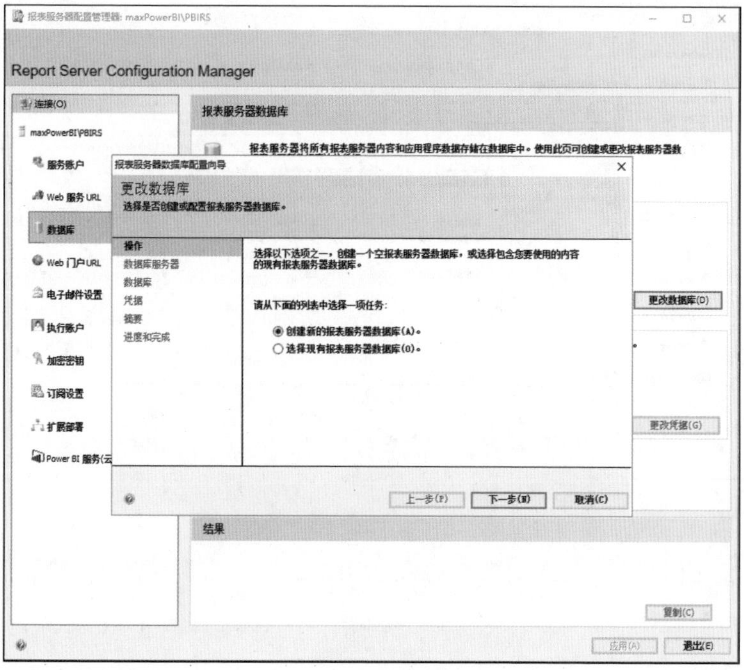

图7-16

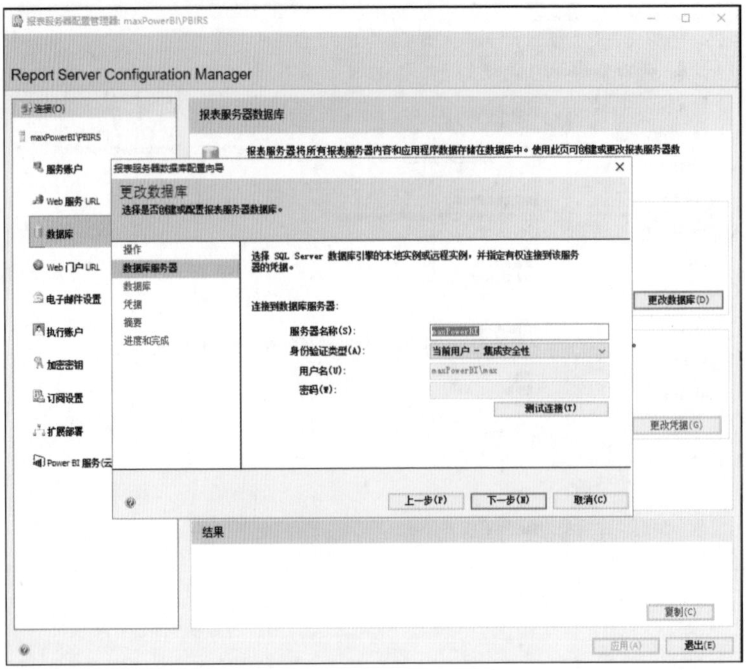

图 7-17

如图 7-18 所示，输入需要创建的报表数据库的数据库名称。

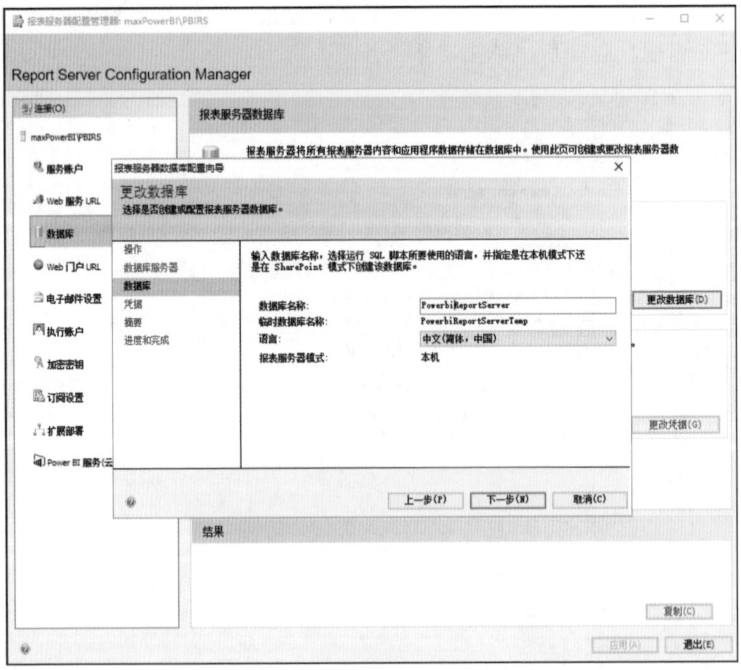

图 7-18

单击"下一步"，输入数据库凭据，如图 7-19 所示。

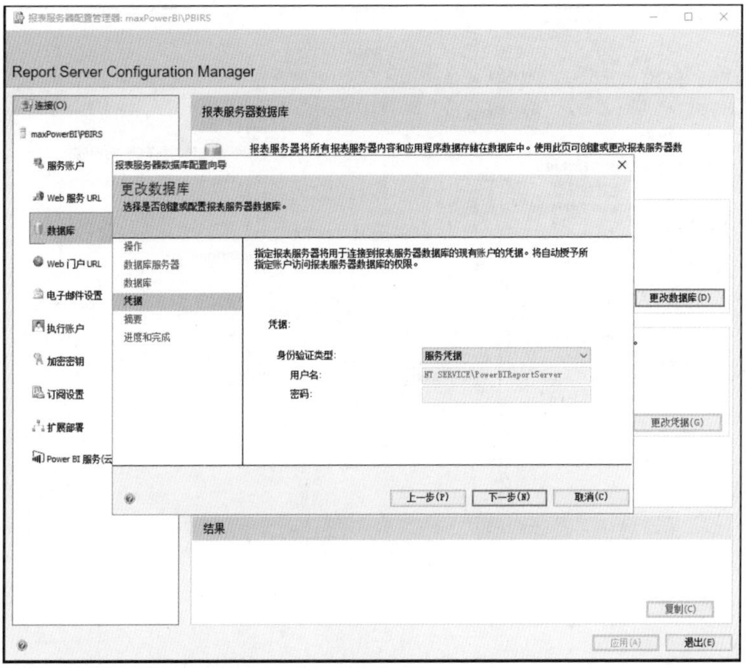

图7-19

单击"下一步"可以看到摘要信息，如图 7-20 所示，单击"下一步"进行数据库的创建，可以看到进度，如图 7-21 所示。

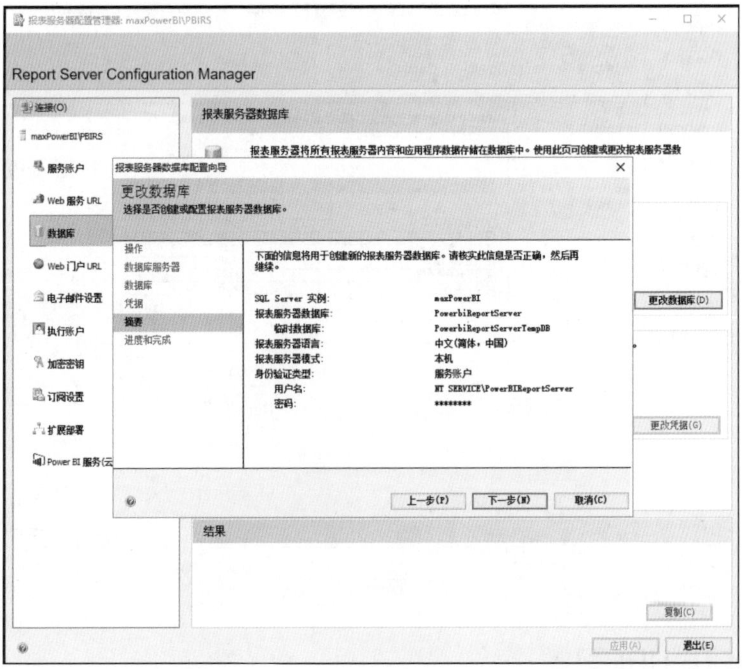

图7-20

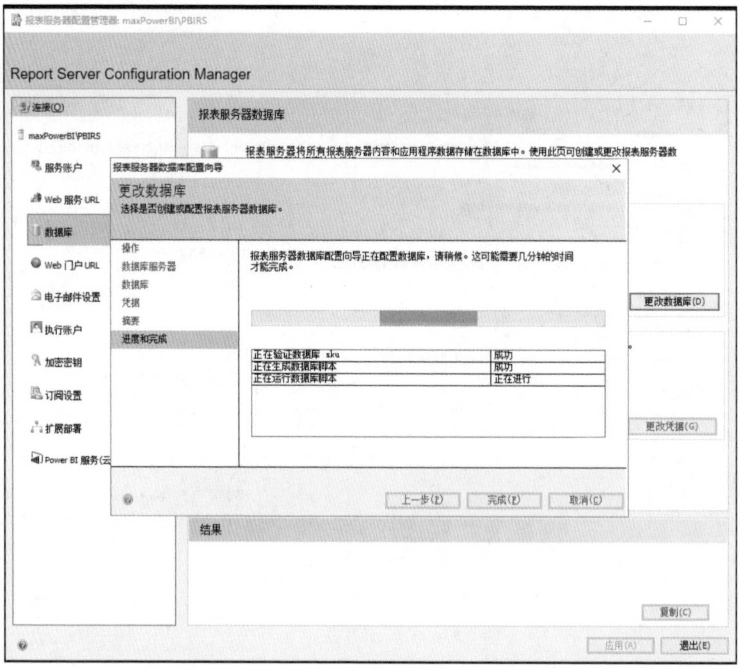

图7-21

图 7-22 所示为数据库创建完成信息。

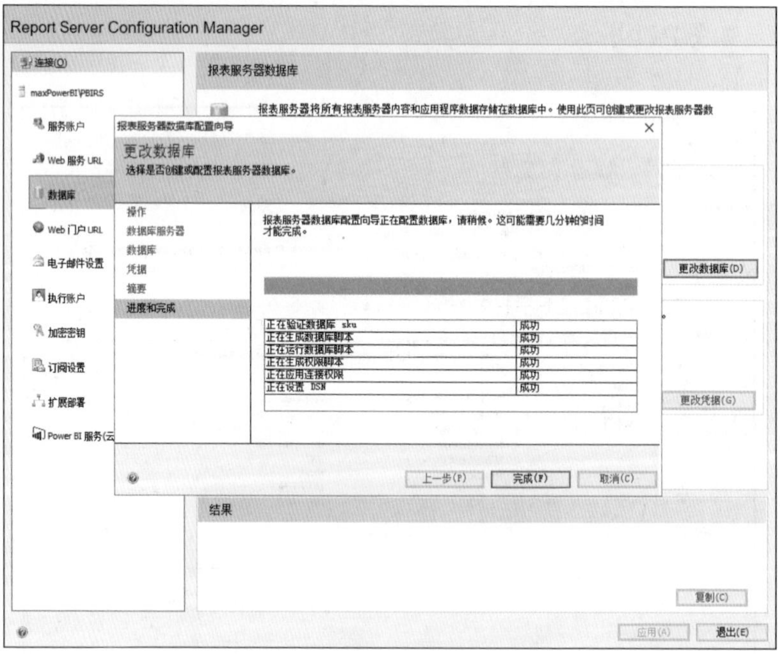

图7-22

7.4.5　Web 门户 URL 配置

图 7-23 所示为 Web 门户 URL 配置，在其中可以设置报表服务器的虚拟目录。默认为 "Reports"。

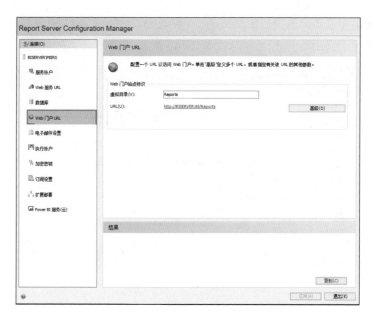

图7-23

7.4.6 电子邮件设置

如图 7-24 所示,报表服务可配置 SMTP 服务器进行邮件发送,比如订阅。

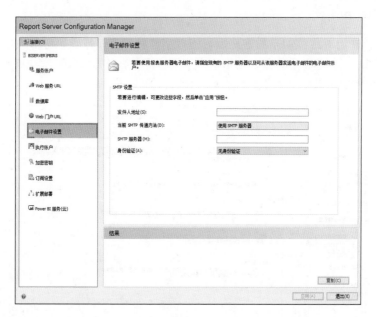

图7-24

7.4.7 执行账户配置

如图 7-25 所示,指定此账户可以启用不要求凭据的报表数据源,或连接到存储报表中所用的外部图像的远程服务器。请确保指定的域用户账户仅具有执行只读操作所需的最少权限。

应避免使用其权限超过实际所需的账户。所指定的账户应与服务账户不同,以确保不会危及您的报表服务器实例的安全。

图 7-25

7.4.8　加密密钥配置

　　报表服务器使用对称密钥来加密凭据、连接字符串以及在报表服务器数据库中存储其他敏感数据。可以通过创建备份来管理此密钥。如果将报表服务器安装迁移或移动到另一台计算机,则可以还原密钥,以便重新获得对加密内容的访问权限,如图 7-26 所示。

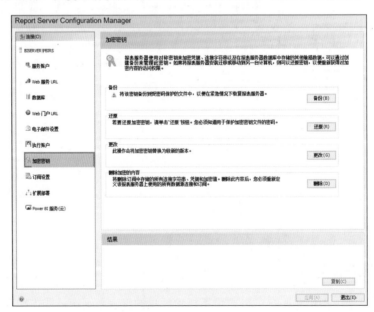

图 7-26

7.4.9 订阅设置

如图 7-27 所示，配置订阅用于访问文件共享的账户。配置时使用一个具有尽可能小的权限的账户和一个不同于报表服务器服务所用账户的账户。

图 7-27

7.4.10 扩展部署

图 7-28 所示为配置时主要查看有关扩展部署的信息。已联接到扩展的报表服务器可以将加密数据存储在公共报表服务器数据库中。等待联接扩展部署的服务器必须由已经是部署的一部分的报表服务器实例添加。

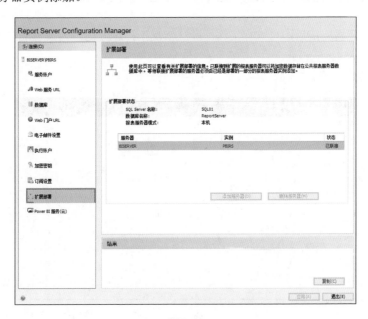

图 7-28

7.4.11　Power BI服务（云）配置

如图 7-29 所示，可以在云中的 Power BI 服务注册此报表服务器，也可以在两者中启用"混合云"功能。在 Power BI 服务中注册此报表服务器时，用户可以登录其 Power BI 账户并将分页报表项固定到其 Power BI 仪表板中。

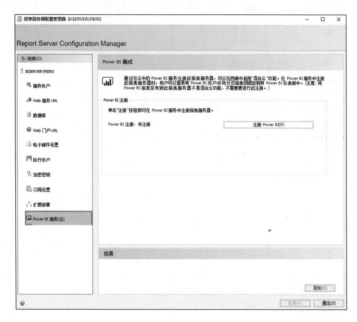

图7-29

7.5　Power BI报表服务器的使用

报表服务器配置完成后即可进行工作。默认情况下，Web 门户为设置的 Web URL 即可访问，如 http://powerbiserver/reports。

效果如图 7-30 所示。

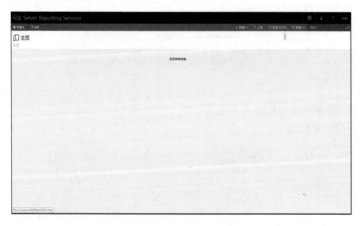

图7-30

发布相应的报表后的效果，如图 7-31 所示。

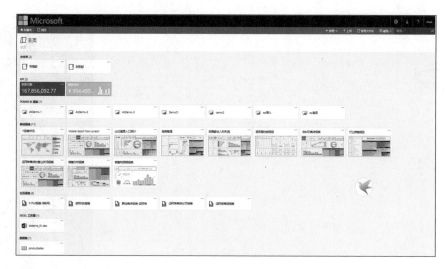

图 7-31

7.5.1 创建Power BI报表发布到Power BI报表服务器

目前用于创建 Power BI 报表服务器的 Power BI 报表需要使用 Power BI Desktop 的 RS 版本，在第 7.3 小节中介绍了下载 Power BI Desktop RS 的方法和地址。安装完成后可以在计算机中找到相应的图标，如图 7-32 所示。打开后的界面与通常的 Power BI Desktop 基本相同。两者的区别在于 Power BI Desktop RS 另存选项下可以存到 Power BI 报表服务器，如图 7-33 所示。制作报表过程与通常的 Power BI Desktop 相同，其他章节已有介绍，本章节不再重复。

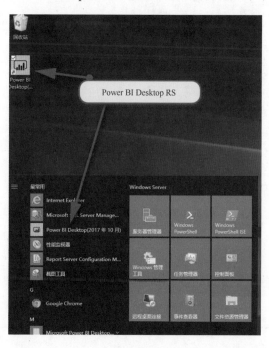

图 7-32

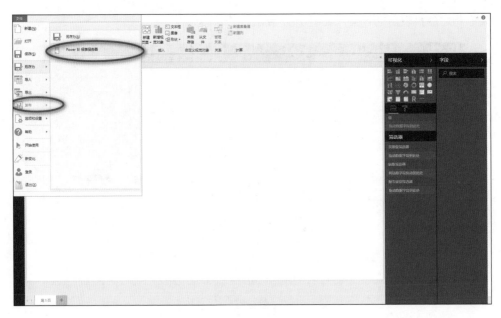

图 7-33

制作好报表后，需要将其发布到 Power BI 服务器进行浏览和共享。单击"文件"→"另存为"，选择"Power BI 报表服务器"，出现图 7-34 所示的界面。最近使用过的报表服务器会出现在列表中，如果是新的报表服务器可直接输入。（注：需要有存入 Power BI 报表服务器权限。）选择报表服务器后，需要选择保存报表的位置，如图 7-35 所示，输入报表的名字，选择存放位置，默认存放在 Power BI 报表服务器的根目录。成功完成的界面如图 7-36 所示。单击"前往"即可浏览上传的报表，效果如图 7-37 所示。

图 7-34

图 7-35

图 7-36

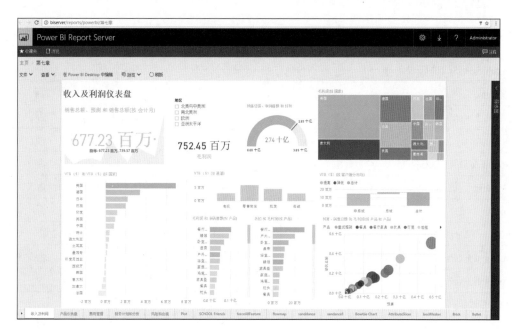

图 7-37

7.5.2　Power BI 服务器中 Power BI 报表数据源

Power BI 报表可以连接不同的数据源。根据数据使用方式，可以提供不同的数据源。可以导入数据，也可以直接使用 DirectQuery 或 SQL Server Analysis Services 的实时连接查询数据。

关于 Power BI 支持数据源的情况，见表 7-3（注：此列表的内容会不断增多）。

表 7-3

数　据　源	缓存的数据	计划的刷新	实时
SQL Server 数据库	是	是	是
SQL Server Analysis Services	是	是	是
Azure SQL 数据库	是	是	是
Azure SQL 数据仓库	是	是	是
Excel	是	是	否
Access 数据库	是	是	否
Active Directory	是	是	否
Amazon Redshift	是	否	否
Azure Blob 存储	是	是	否
Azure Data Lake Store	是	否	否
Azure HDInsight（HDFS）	是	是	否
Azure HDInsight（Spark）	是	是	否
Azure 表存储	是	是	否

续表

数　据　源	缓存的数据	计划的刷新	实时
Dynamics 365（联机）	是	否	否
Facebook	是	否	否
文件夹	是	是	否
Google Analytics	是	否	否
Hadoop 文件（HDFS）	是	否	否
IBM DB2 数据库	是	是	否
Impala	是	否	否
JSON	是	是	否
Microsoft Exchange	是	否	否
Microsoft Exchange Online	是	否	否
MySQL 数据库	是	是	否
OData 数据源	是	是	否
ODBC	是	是	否
OLE DB	是	是	否
Oracle 数据库	是	是	是
PostgreSQL 数据库	是	是	否
Power BI 服务	否	否	否
R 脚本	是	否	否
Salesforce 对象	是	否	否
Salesforce 报表	是	否	否
SAP Business Warehouse 服务器	是	是	是
SAP HANA 数据库	是	是	是
SharePoint 文件夹（本地）	是	是	否
SharePoint 列表（本地）	是	是	否
SharePoint Online 列表	是	否	否
Snowflake	是	否	否
Sybase 数据库	是	是	否
Teradata 数据库	是	是	是
文本 /CSV	是	是	否
Web	是	是	否
XML	是	是	否
appFigures（Beta）	是	否	否
Azure Analysis Services 数据库	是	否	否

续表

数 据 源	缓存的数据	计划的刷新	实时
Azure Cosmos DB（Beta）	是	否	否
Azure HDInsight Spark（Beta）	是	否	否
Common Data Service（Beta）	是	否	否
comScore Digital Analytix（Beta）	是	否	否
Dynamics 365 for Customer Insights（Beta）	是	否	否
Dynamics 365 for Financials（Beta）	是	否	否
GitHub（Beta）	是	否	否
Google BigQuery（Beta）	是	否	否
IBM Informix 数据库（Beta）	是	否	否
IBM Netezza（Beta）	是	否	否
Kusto（Beta）	是	否	否
MailChimp（Beta）	是	否	否
Microsoft Azure 使用情况见解（Beta）	是	否	否
Mixpanel（Beta）	是	否	否
Planview Enterprise（Beta）	是	否	否
Projectplace（Beta）	是	否	否
QuickBooks Online（Beta）	是	否	否
Smartsheet	是	否	否
Spark（Beta）	是	否	否
SparkPost（Beta）	是	否	否
SQL Sentry（Beta）	是	否	否
Stripe（Beta）	是	否	否
SweetIQ（Beta）	是	否	否
Troux（Beta）	是	否	否
Twilio（Beta）	是	否	否
tyGraph（Beta）	是	否	否
Vertica（Beta）	是	否	否
Visual Studio Team Services（Beta）	是	否	否
Webtrends（Beta）	是	否	否
Zendesk（Beta）	是	否	否

7.5.3　Power BI 报表服务器中 Power BI 报表配置计划刷新

数据是时常变化的，当数据变化时，我们需要得到最新的报表状态。通过对 Power BI 报表设置计划刷新，可使报表数据保持最新状态。计划的刷新特定于含嵌入模型的 Power BI 报表。这意味着，你会将数据导入报表，而不使用实时连接或 DirectQuery。在导入你的数据时，它从原始数据源断开链接并且需要更新以使数据保持最新。计划的刷新是让数据保持最新状态的方法。

单击 Power BI 报表的右上角省略号按钮选择"管理"，如图 7-38 所示，进入管理界面。

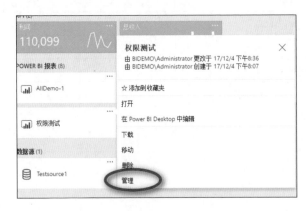

图7-38

在管理界面上单击"计划的刷新"即可。

7.6　Power BI 服务、SQL 报表服务、Power BI 报表服务对比

对于 BI 解决方案，可以使用 Power BI 服务、SQL 报表服务、Power BI 报表服务这 3 种服务，表 7-4 列出了这 3 种服务的区别，供选择方案时参考。

表7-4

功能或能力	Power BI 服务	Power BI 报表服务	SQL Server 2017 报表服务
发布和查看报表			
发布和查看 RDL（报表服务页报表）		√	√
发布和查看 PBIX（Power BI 报表）	√	√	
发布和查看 XLSX（Excel 工作簿）	√		
使用自定义可视化对象	√	√	
使用本地移动应用程序（iOS、Android、Windows）	√	√	√
应用程序嵌入报表	√	√	
数据源和数据刷新			
导入数据创建 Power BI 报表	√	√	

续表

功能或能力	Power BI 服务	Power BI 报表服务	SQL Server 2017 报表服务
Power BI 报表连接 SSAS	√	√	
使用 DirectQuery 创建 Power BI 报表	√	√	
计划数据刷新	√	√	
单个导入的数据集的最大大小	10GB	10GB	
在 Excel 中分析	√		
共享数据集的重用（报告服务仅分页报告）		√	√

其他功能			
创建仪表板（从一个或多个报告中搜集视觉效果）	√		
固定某些可视化视图效果到仪表板	√	√	√
Power BI 站点在线编辑报表	√		
Q&A 自然语言查询	√		
数据警报	√		
订阅 Power BI 报表	√		
订阅传统页报表		√	√
应用程序（与 AppSource 关联）	√		
组织内容包	√		
R 语言集成	√		
获得洞察力（机器学习）	√		

第8章　可视化图表的制作

人脑消化海量数据的能力是有限的，这就需要借助数据可视化来快速发现问题。正所谓"一图胜千言万语"，所以数据可视化首先是图形化，然后进行探索式分析，洞察数据背后的真相。

8.1　图表选择的原则

8.1.1　什么样的数据，配什么样的图表

以图表来展示数据，其实是让受众能够直观地感受你要传递的内容。首先需要了解的是，数据通常包含 5 种关系：构成、比较、趋势、分布及联系。

构成主要关注的是部分占整体的百分比，如果你想表达的信息是公司各项业务的占比，那么饼图是最优选择；

比较可以展示事物的排列顺序，比如项目排名，选用条形图是最优的；

趋势是一种时间序列关系，如果你关心数据如何随着时间变化而变化，每月、每年的变化趋势是增长、减少还是平稳不变或上下波动，这时候最好使用折线图；

分布主要关注的是各数值范围内各包含了多少项目，可以使用柱状图来表现，柱状图同时传递数值大小的信息；如果有地理位置数据，还可以通过地图来展示不同分布特征；

联系是表达多个数据之间的模式关系，常用散点图来反映整体分布与聚集情况。气泡图与散点图相似，两者的不同之处在于，气泡图允许在图表中额外加入一个表示大小的变量。

饼图、条形图、折线图、柱状图、散点图是基本的图表，还可以对这些图表进一步整理和加工，使之变为我们所需要的图形。此外，Power BI 还提供很多自定义图表，如文字云、跑马灯等。可以说，Power BI 的确给广大商务分析人士带来了福音，不用再受制于 Excel 功能的限制。

8.1.2　保证图表的客观性是第一位

大多数人面对海量数字都有一种天生的畏惧感，但对图表另眼相看。有的时候，数据好好的，却被人恶意地用视觉化来呈现。这等于施加了一个易容术，欺骗了群众的眼睛，所以我们要真实地表达数据，避免扭曲数据。

比如更改坐标轴起始刻度、对坐标轴特殊处理，如图 8-1 所示，你发现左图的增长气势如

虹，右图小幅增长，平淡无奇。

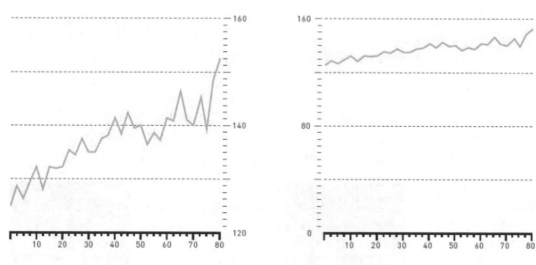

图8-1

3D 效果有时候实在是无关紧要的装饰，而且会让人产生视觉误解，如图 8-2 所示。左图有三维效果，看上去感觉是 A→B→C→D→E 递增；右图无三维效果，其实 D 是大于 E 的！

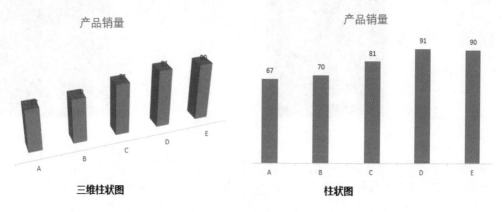

图8-2

为什么同样的数据，展示出的效果完全不同？因为我们使用的是图表，图表是数据视觉化的结果，扭曲的视觉化意味着将个人主观色彩添加到图表中，而阅读者就会受图表的误导，所以保持客观性是数据分析师进行图表制作的重要准则。

8.2　Power BI常用的可视化图表

虽然 Excel 也可以制作很精美的报表，但是和 Power BI 相比，Excel 的可视化展现还是略逊一筹。Power BI 的图表不仅可以交互，还可以钻取，在图表的样式上也大大超越了 Excel。除了预置的可视化图表外，Power BI 还提供了丰富、靓丽的自定义可视化图表库，而且会不定期更新，增加新的可视化对象。下面，我们介绍 Power BI 常用的图表，本节案例源文件随书附赠。

8.2.1 条形图和柱形图

条形图利用条状的长度反映数据的差异，适用于多个项目分类排名比较，因为肉眼对长短差异很敏感。在 Power BI Desktop 中单击"可视化"窗格中"堆积条形图"图标，在画布区域会出现堆积条形图的模板，在"字段"窗格中将"省份"字段拖放到轴，将"2015 年销售额"字段拖放到值，如图 8-3 所示。

柱形图利用柱子的高度反映数据的差异，肉眼对高度差异辨识效果也非常好。在 Power BI Desktop 中单击"可视化"窗格中"簇状柱形图"图标，在画布区域会出现簇状柱形图的模板，将"区域"字段拖放到轴，将"2015 年销售额"字段拖放到值，如图 8-4 所示。

图8-3   图8-4

因为条形图和柱形图易于比较各组数据之间的差别而被广泛应用在数据统计中，并特别适用于高亮 Top 5 或 Top10 数据，比如在零售行业中统计畅销品的销售情况就是很好的应用。

8.2.2 饼图和圆环图

饼图和圆环图都是显示部分与整体的关系，适合展示每一部分所占全部的百分比。

圆环图与饼图唯一的区别是中心为空，因而有空间可用于标签或图标。在 Power BI Desktop 中单击"可视化"窗格中"饼图"图标，在画布区域会出现饼图的模板，将"产品分类"字段拖放到图例，将"2015 年销售额"字段拖放到值，如图 8-5 所示，圆环图制作和饼图类似。

饼图和圆环图的格式设置如图 8-6 所示，"数据颜色"可以设置类别的颜色；"详细信息标签"中，我们可以选择是否显示类别名称，以及显示类别的数据值或者所占的百分比。

饼图和圆环图使用的注意事项有：图值的总和相加必须达到 100%；最适用于将特定部分与整体进行比较，而不是将各个部分相互比较；类别太多会难以查看和解释，在使用中不宜多于 6 种成分；因为它是通过面积来呈现数据的变化，所以当各部分所占比例接近时最好选择条形图来呈现，此时肉眼无法直观地判断面积的大小。

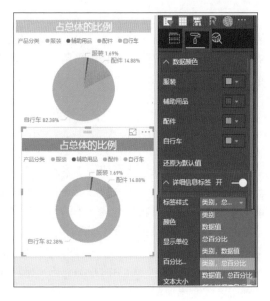

图 8-5　　　　　　　　　　　　　　　　　　　　图 8-6

8.2.3　瀑布图

　　瀑布图是由麦肯锡顾问公司所独创的图表类型，图表中数据点的形状如瀑布一般排列起来，因而称为瀑布图（Waterfall Plot）。这种图表不仅能够直观地反映出各项数据的多少，而且还能反映出各项数据的增减变化，给我们的数据分析工作带来了极大的方便。

　　在 Power BI Desktop 的“可视化”窗格中选择“瀑布图”图标，在画布区域会出现瀑布图的模板。瀑布图有两个设置选项：“类别”和“Y 轴”。将“项目”字段拖动到“类别”，并将你想跟踪的值如“金额”字段拖动到“Y 轴”，如图 8-7 所示。从瀑布图中可以看出该公司2016 年主要收支情况一览：红色的为支出，绿色的是收入，蓝色的是余额。通过图中的总计可以看出：该公司是盈利的，盈利额 4 百万元；主要的支出是工资性支出、固定支出和营销费用，主要的收入是产品收入和服务收入，数字代表具体的收支情况。

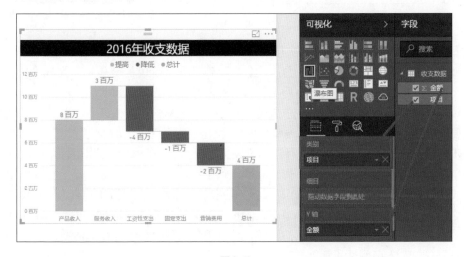

图 8-7

瀑布图非常有用，比如用瀑布图可以展示每个月公司的员工离职和入职情况，对比每个月的员工稳定性；也可以展示每个月的收支报表情况，看出是否盈利；给采购部门展示每个月的采购物料的变化情况等。总之，当用户想表达两个数据点之间数量的演变过程时，即可使用瀑布图。

8.2.4　漏斗图

漏斗图又叫倒三角图，其实是由堆积条形图演变而来的。漏斗图通常用于表示逐层分析的过程，例如销售阶段转化率或网站客户转化率。销售漏斗图可跟踪各个阶段的客户：潜在客户→合格的潜在客户→预期客户→已签订合同的客户→已成交客户。你可以一眼看出漏斗形状传达了跟踪流程的健康状况。漏斗图的每个阶段代表总数的百分比，从最顶端的最大值，不断除去不关注的部分，最终得到关注的值。因此，在大多数情况下，漏斗图的形状类似于倒三角，第一阶段为最大值，后面每个阶段的值都小于其前一阶段的值。

现在我们使用 Power BI Desktop 创建漏斗图。在"可视化"窗格中选择"漏斗图"图标，在画布区域会出现漏斗图的模板。把"阶段"字段拖放到"分组"，把"人数"字段拖放到"值"，如图 8-8 所示。

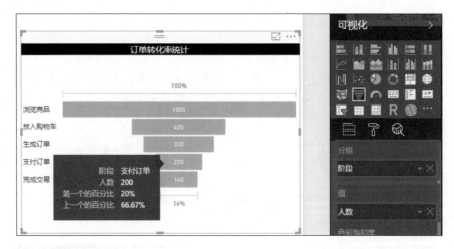

图8-8

将鼠标悬停在漏斗图的各个阶段上可显示大量的信息：阶段的名称；当前在此阶段的人数；总体转化率（潜在客户的百分比）；一个阶段到另一个阶段的转化率（又称阶段转化率）是指占上一阶段的百分比（在该例中为支付订单阶段／生成订单阶段）。

从漏斗图可以看出从浏览商品到放入购物车"漏"了 60%，流失最多，也是用户购买过程中最重要的一步，可以考虑是否能通过商品页 UI 优化、明显露出"加入购物车"按钮等方式提高这一步的转化率；从生成订单到支付订单阶段又"漏"了 1/3，这个数据值得关注，用户已经生成订单了，还有这么多人在买前后悔或犹豫，除了这个原因，是不是还有其他的原因，比如支付方式是否出现了问题、是否经常出现没货的情况等，这些都是导致用户最终不支付的原因。

总之，漏斗图适用于业务流程环节多、周期长的流程分析，它是对业务流程最直观的一种表现形式。通过漏斗各环节业务数据的比较，可以很快发现流程中存在的问题。常见漏斗图的应用场景有：（1）电商网站和营销推广。通过转化率比较，能充分展示用户从进入网站到生成订单、实现购买的最终转化率；（2）客户关系管理。销售漏斗图可用来展示客户购买周期中各个阶段的转化比较。

8.2.5　散点图和气泡图

散点图始终具有两个数值轴，以显示水平轴上的一组数值数据和垂直轴上的另一组数值数据。图表在 x 和 y 数值的交叉处显示点，将这些值单独合并到各个数据点。根据数据，这些数据点可能均衡或不均衡地分布在水平轴上。气泡图将数据点替换为气泡，用气泡大小表示数据的其他维度。

散点图可以展示数据的分布和聚合情况，实际中还能利用散点图进行四象限分析。首先，我们通过 Power BI Desktop 绘制一个散点图。如图 8-9 所示，选择"可视化"窗格中的散点图，在画布区域会出现散点图的模板。从字段窗格中，拖曳"销售记录"表的"销售数量"字段放在 Y 轴区域，"销售记录"表的"订单数量"字段放在 X 轴区域，"产品分类"表的"产品名称"字段拖到图例区域，数据点的颜色表示产品。现在让我们添加第三个维度，从字段窗格中将"销售记录"表的"销售金额"字段拖动到"大小"区域。将鼠标悬停在一个气泡上，该气泡的大小反映了"销售金额"的值的大小。

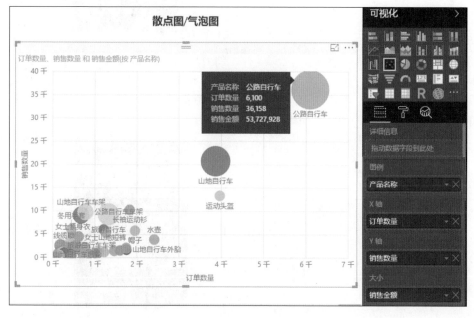

图8-9

散点图和气泡图常用于展现数据的分布情况，通过横纵坐标值、气泡大小展示数据，表现的数据维度多、图形美观、欣赏性强。

8.2.6　仪表

仪表有一个圆弧，并且显示单个值，该值用于衡量针对目标 /KPI 的进度。仪表使用直线（针）表示目标或目标值；使用明暗度表示针对目标的进度。表示进度的值在圆弧内以粗体显示。所有可能的值沿圆弧均匀分布，从最小值（最左边的值）到最大值（最右边的值）。仪表可以直接显示结果，适用于高亮关注 KPI 指标值或者差异。

比如需要跟踪销售团队销售金额是否达标。在 Power BI Desktop 中选择"可视化"窗格的"仪表"图，在画布区域会出现仪表图的模板。在字段窗格中，选择"销售记录"表的"2015年销售额"字段，将它拖放到值，将"销售人员任务额"表的"销售任务额"字段拖放到目标值框，如图 8-10 所示。默认情况下，Power BI 创建的仪表的当前值假定在仪表的中间点上，由于 2015 年销售金额为"65 百万"，因此起始值（最小值）设为 0，结束值（最大值）设为双倍的当前值，为"130 百万"。我们的目标用红色针表示，这里是"70 百万"。

图 8-10

我们可以使用格式选项手动设置最小值、最大值和目标值。将"销售任务额"从目标值框中删除，单击画笔图标，打开"格式"窗格，展开测量轴，然后输入最小值为 0、最大值为120 000 000、目标为 75 000 000，如图 8-11 所示。

图 8-11

仪表适用于显示某个目标的进度或表示关键指标值 KPI 的场景。

8.2.7　树状图

树状图提供数据的分层视图，并将分层数据显示为一组嵌套矩形。一个有色矩形（通常称为"分支"）代表层次结构中的一个级别，该矩形包含其他矩形（"叶"）。根据所测量的定量值分配每个矩形的内部空间，从左上方（最大）到右下方（最小）按大小排列矩形。

在 Power BI Desktop 的报表视图中，选择"可视化"窗格中的树状图，在画布区域会出现树状图的模板。在字段窗格中将 "sales" 表的 "Last Year Sales" 字段拖放至值，将 "Item" 表的 "Category" 这个表示类别的字段拖放到分组中，Power BI 就创建了一个树状图，其中矩形的大小反映总销售额，颜色代表类别，如图 8-12 所示。你会发现男装类的销售额最高，袜类销售额最低，再将 "store" 表的 "chain" 这个表示连锁店的字段拖放到详细信息区域中，现在你就可以按类别和连锁店比较上年度的销售额了。

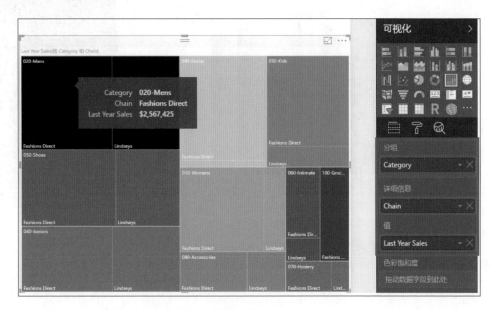

图 8-12

当要显示大量的分层数据时，树状图是一个不错的选择。它按颜色显示类别，通过观察每个叶节点的大小来比较，矩形越大，则值越大。

8.2.8　组合图

在 Power BI 中，组合图是将折线图和柱形图合并在一起的单个可视化效果。通过将两个图表合并为一个图表可以进行更快的数据比较。组合图可以具有一个或两个 Y 轴。

组合图适用的情况如下：

（1）具有 X 轴相同的折线图和柱形图；

（2）比较具有不同值范围的多个度量值；

（3）在一个可视化效果中说明两个度量值之间的关联。

要创建自己的组合图，首先打开 Power BI Desktop，我们想要在这个报表页面上显示的数据都是基于 2015 年的，那我们需要设置页面级筛选器。页面筛选器可应用于报表页面上的所有视觉对象。我们在"字段"窗格中选择"年份"，然后将它拖动到"页面级筛选器"区域中，设置年份 =2015 年。

从"可视化"窗格中选择"折线和簇状柱形图"，在画布区域会出现该图表的模板。在字段窗格中把"月份"字段拖放到共享轴，"销售金额"字段和"销售任务额"字段拖放到列值区域，把"年度增长率"字段和"任务额完成度"字段这两个百分比拖放到行值区域，如图 8-13 所示，这样就完成了一个组合图表。还可以通过格式设置来美化图表，如打开数据标签、调整字体大小等。

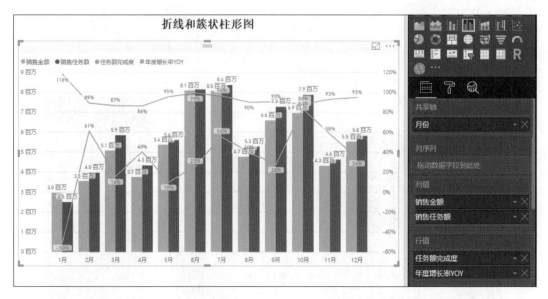

图 8-13

8.2.9　折线图

折线图可以显示随时间（根据常用比例设置）而变化的连续数据，因此非常适用于显示在相等时间间隔下的数据的趋势，尤其是在趋势比单个数据点更重要的场合。

单击 Power BI Desktop 报表视图的画布空白区，在"可视化"窗格中选择折线图，把"时间表"的"月份"字段拖放到轴，将"销售记录"表的"2014 年销售额"和"2015 年销售额"这两个字段拖放到值中，如图 8-14 所示。

图 8-14

折线图的优点是能够清楚地看出数据的增减变化情况，因此展示数据的发展趋势时，折线图是最优选择。

8.2.10 帕累托图

帕累托图（Pareto Chart）是以意大利经济学家 V.Pareto 的名字命名的。帕累托图在放映质量问题、质量改进项目等领域被广泛应用，它是将出现的质量问题和质量改进项目按照重要程度依次排列而采用的一种特殊的直方图表。帕累托图可以用来分析质量问题，确定产生质量问题的主要因素，指导首先采取措施纠正造成最多数量缺陷的问题。

从概念上说，帕累托图与帕累托法则一脉相承。帕累托法则往往称为二八原理，即 80% 的问题是 20% 的原因所造成的。帕累托图在项目管理中主要用来找出产生大多数问题的关键原因，用来解决大多数问题。

在 Power BI Desktop 中，我们可以利用组合图表生成帕累托图，难点是对原始数据进行累积百分比的计算，原始 Excel 数据如图 8-15 所示。

图8-15

计算累计百分比之前，我们需要先添加一列"累计数量"，在 Power BI Desktop 中选择数据视图，单击菜单"建模"，并单击"新建列"，如图 8-16 所示。

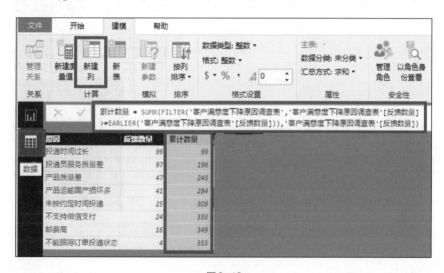

图8-16

累计数量 = SUMX(FILTER('客户满意度下降原因调查表','客户满意度下降原因调查表'[反馈数量]>=EARLIER('客户满意度下降原因调查表'[反馈数量])),'客户满意度下降原因调查表'[反馈数量])

有了"累计数量"这个新建计算列，就可以计算累积百分比了，还是单击"建模"菜单下的"新建列"，如图 8-17 所示，累积百分比的格式设置为"百分比"保留 2 位小数。

累积百分比 = '客户满意度下降原因调查表'[累计数量]/sum('客户满意度下降原因调查表'[反馈数量])

这样我们的数据模型就有了"累积百分比"计算列了，就可以生成帕累托图。在可视化窗格中选中组合图表（折线和簇状柱形图），把"原因"字段拖放到共享轴，"反馈数量"字段拖放到列值，"累积百分比"字段拖放到行值。我们还需要对图形进行排序调整，右键选择"更多选项"，然后用"反馈数量"从大到小排序，如图 8-18 所示。

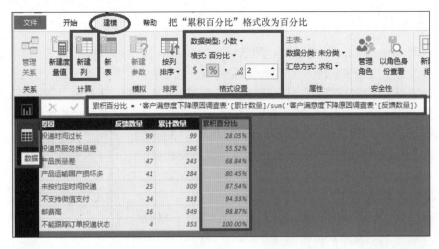

图8-17

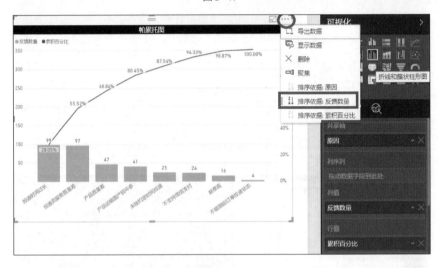

图8-18

你可以美化帕累托图，通过格式设置对字体、坐标轴、数据颜色、数据标签小数位做调整，如图 8-19 所示。

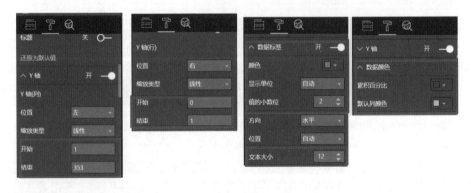

图8-19

最终的帕累托图效果如图 8-20 所示。

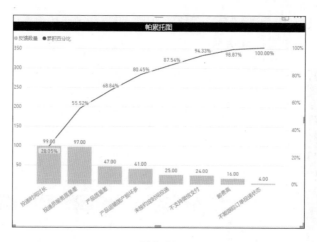

图 8-20

　　帕累托图能区分"微不足道的大多数"和"至关重要的极少数",从而方便我们关注重要的类别。它可以轻松地体现并分析出主要因素,被广泛应用于 QC(质量管理)中。

8.2.11　表格

　　表格是以逻辑序列的行和列表示的包含相关数据的网格,它还包含表头和合计行。表格可以通过拖曳所关心的指标,了解更加明细的数据,从而起到数据透视表的功能。

　　在 Power BI Desktop 中单击空白画布区域,选择可视化窗格中的"表",在画布区域会出现表的模板。在字段窗格中,选择"Item"表的"Category"字段、"sales"表"Average Unit Price"字段、"sales"表的"Last Year Sales"字段以及"sales"表的"This Year Sales"字段,并选择所有 3 个选项(值、目标和状态),还有"sales"表的"Total Sales Variance"字段,将它们都拖放到值区域,如图 8-21 所示。

　　单击"格式"(类似画笔或喷漆图标),可以设置表格中网格的格式。此处已添加蓝色垂直网格,为行添加了空间,并稍微增加了边框和文本的大小,如图 8-22 所示。

图 8-21

图 8-22

对于列标题，我们更改了背景色、添加了边框，并增加了字体大小，如图 8-23 所示。目前表格的效果，如图 8-24 所示。

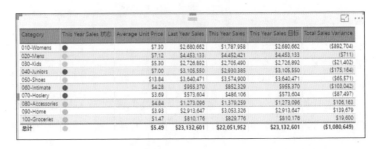

图8-23　　　　　　　　　　　　　　　　　　　图8-24

现在我们通过表的条件格式进行设置，可以根据单元格的值指定自定义单元格背景色和字体颜色，包括使用渐变色。在 Power BI Desktop 中的"可视化"窗格下的字段设置中，单击值区域的"Average Unit Price"字段旁边的向下箭头（或右键单击该字段），如图 8-25 所示。

选择"条件格式"中的"背景色阶"，在随即显示的对话框中，可以配置颜色，以及最小值和最大值。如果选择"散射"复选框，还可以配置一个可选的"居中"值，如图 8-26 所示。

图8-25

图8-26

　　添加数据条的条件格式设置的方法是选择"Total Sales Variance"字段旁边的向下箭头，然后选择"条件格式"的"数据条"，如图 8-27 所示。

　　在出现的对话框中，依次设置"正值条形图""负值条形图"的颜色，选中"仅显示条形图"复选框，条形图方向"从左到右"，如图 8-28 所示。

图8-27

图8-28

　　这时数据条会替换表格中的数字值，使其更直观，如图 8-29 所示。

Category	This Year Sales 状态	Average Unit Price	Last Year Sales	This Year Sales	This Year Sales 目标	Total Sales Variance
010-Womens	●	$7.30	$2,680,662	$1,787,958	$2,680,662	
020-Mens	●	$7.12	$4,453,133	$4,452,421	$4,453,133	
030-Kids	●	$5.30	$2,726,892	$2,705,490	$2,726,892	
040-Juniors	●	$7.00	$3,105,550	$2,930,385	$3,105,550	
050-Shoes	●	$13.34	$3,640,471	$3,574,900	$3,640,471	
060-Intimate	●	$4.28	$955,370	$852,329	$955,370	
070-Hosiery	●	$3.69	$573,604	$486,106	$573,604	
080-Accessories	●	$4.84	$1,273,096	$1,379,259	$1,273,096	
090-Home	●	$3.93	$2,913,647	$3,053,326	$2,913,647	
100-Groceries	●	$1.47	$810,176	$829,776	$810,176	
总计		$5.49	$23,132,601	$22,051,952	$23,132,601	($1,080,649)

图8-29

　　若要从可视化效果中删除条件格式，只需再次右键单击该字段，并选择删除条件格式即可。

8.2.12　文字云

　　文字云是一种很好的图形展现方式，比如我们可以对网页或评论进行语义分析，关键词出现的频率。我们这里用文字云来分析一下产品销售情况，字体越大说明销售金额越高。

　　下载自定义视觉对象 WordCloud.1.2.9.0.pbiviz，并将其导入到 Power BI Desktop，在"可视化"窗格中会出现文字云 WordCloud 图标。选择文字云图标，在画布区域会出现文字云的模板。文字云的图表主要设置类别（Category）和数值（Values）这两个参数，把"产品名称"字段拖放到 Category，发觉颜色虽然不一样，但大小都是一样，这时我们再把"2015 年销售额"字段拖放到 Values 框中，你就发现字号最大的，代表 2015 年销售额最高，如图 8-30 所示。

图 8-30

加个切片器进来，把"产品分类"拖到字段框，选择"辅助用品"。你发现运动头盔销售额最大，如图 8-31 所示。

图 8-31

文字云的效果能让人们快速从一组数据中找到突出的那几个。文字云特别适合做文本内容挖掘的可视化，比如描绘词语出现在文本数据中频率的方式，出现频率较高的词语则会以较大的形式呈现出来，而出现频率越低的词语则会以较小的形式呈现，这样使文本中出现频率较高的"关键词"呈现视觉上的突出效果，从而使得观众一眼扫过文本就可以领略文本的主旨。

8.2.13   子弹图

子弹图用来展现目标完成率，可定义红、黄、绿区域，分别代表从不好到好。下载子弹图自定义对象文件 Bullet Chart，将它导入到 Power BI Desktop，在"可视化"窗格中就会出现子弹图 Bullet Chart。选择 Bullet Chart 图标，在画布区域会出现 Bullet Chart 子弹图的模板。把"销售经理"字段拖放到 Category 框中、把"2015 年销售额"字段拖放到 Values 框中，"销售任务额"字段拖放到 Target Value 框中。然后单击"格式"图标，设置 Data values，如图 8-32 所示。

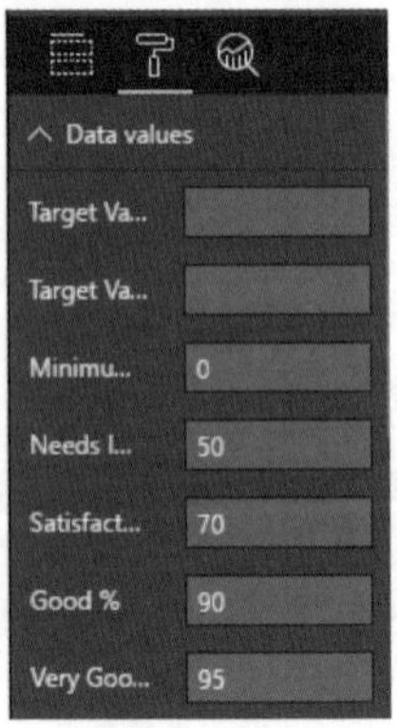

图 8-32

　　子弹图最终效果如图 8-33 所示，横向刻度盘有深红、红、黄、浅绿和绿，分别对应差、需要改进、满意、好、很好。刻度轴上有一个刻度线代表 Target，可以看到销售经理赵文做得差些，离目标还有一段距离。

图8-33

　　随着 Power BI 自定义图表库的更新，现在的图表数量已多达一百多种，如图 8-34 所示，精彩纷呈。

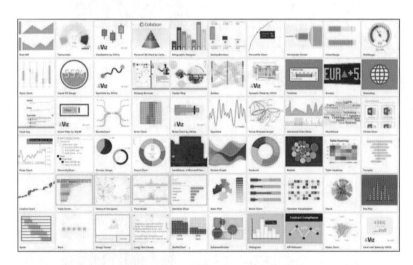

图8-34

　　我们为读者提供截至 2017 年 12 月全部自定义可视化图表的打包文件（除了下载自定义视觉对象文件 .pbiviz，还有该文件对应的示例文件，示例文件可以帮助您更快速地熟悉和使用该自定义视觉对象）。

　　以上就是为大家提供的图表基本使用原则，适用于日常工作中大多数的图表制作。希望大家都可以根据自己想要表达的信息，选择合适的图表，让数据"会说话"。

8.3　图表美化

　　我们已经了解了如何创建可视化图表，但是我们还需要让图表变得更美观。在你编辑报表并已经选择了某个可视化对象图表时，可看到可视化效果的正下方第二个"格式"图标（有点像喷漆或画笔图案），当选择格式时，图标下方的区域将显示适用于当前所选可视化效果的格式设置选项，如图8-35所示。你可以自定义每个可视化效果的格式选项：图例、X轴、Y轴、数据颜色、数据标签、绘图区、标题、背景、锁定纵横比、边框等。

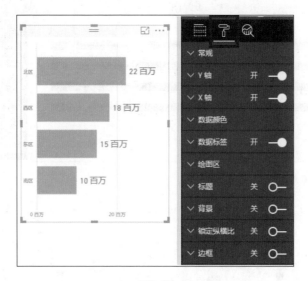

图8-35

你不会看到所有这些格式选项，因为你选择的可视化效果将会对可用的格式选项有影响。例如，如果你选择了饼图，则不会看到X轴、Y轴格式选项。

你可以选择图例位置（默认被放置在左上角），比如图例位置改为顶部居中，也可以修改图例字体等，如图8-36所示，还可以不显示图例，把它关闭。

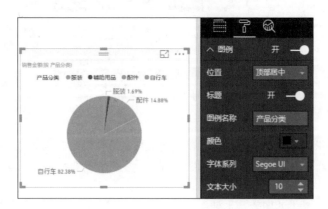

图8-36

你可以选择数据颜色自定义项左侧的向下小箭头，这将显示自定义数据颜色的方式。选择颜色旁边的向下箭头可以对每个可用的数据系列进行更改。如果调色板中没有想要的颜色，可以自定义颜色，如图8-37所示。

我们可以给图表添加数据标签，在"格式"窗格的"数据标签"设置项中开启或关闭数据标签，如图8-38所示。

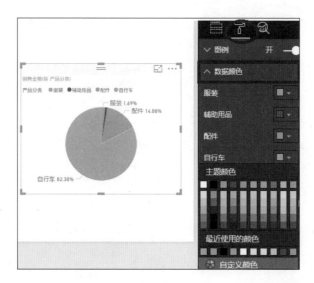

图 8-37

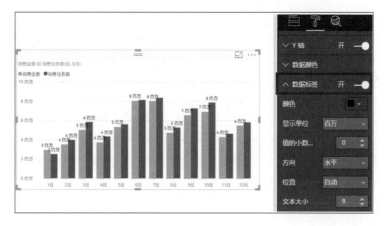

图 8-38

对于图表标题的修改，可以修改标题的默认文本、文本字号大小以及对齐方式。如图 8-39 所示，标题字体颜色改为白色、标题背景色改为黑色、标题对齐方式改为居中。

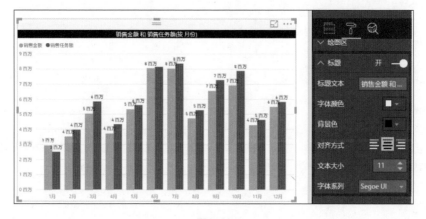

图 8-39

当报表中有很多图表时，Power BI Desktop 还有显示网格线和对齐等排版功能，如图 8-40 所示。

图 8-40

还有其他的格式设置，这里就不一一介绍，Power BI 能让你自由发挥美学天赋，让你的报表更动人。

第9章 Power BI 进阶技巧

通过之前章节的学习，读者应该已经掌握了 Power BI 的基础使用方法，本章主要介绍 Power BI 更深入的内容，包括 Power BI 与 Excel 的深入配合，Power BI 的权限管理，Power BI 与 R 语言的集成，以及 Power BI 的快速见解、自然语言问答和数据网关功能。掌握本章的内容，你能更加深入地了解 Power BI。

9.1 Power BI 与 Excel

用户通过 Microsoft Power BI Publisher for Excel，可以在 Excel 中获取重要的数据洞察快照，如数据透视表、图表和区域，并将它们固定到 Power BI 中的仪表板；也可以使用"在 Excel 中分析"查看 Power BI 中的数据集并与之交互；还可以基于 Power BI 中存在的数据集访问 Excel 中的数据透视表、图表和切片器功能。

9.1.1 Microsoft Power BI Publisher for Excel

Excel 工作表中几乎所有项目都可以被固定在 Power BI 中，如一个简单的工作表或表、数据透视表或数据透视图、图例和图像、文本中选择单元格区域等。

Excel 中不能固定在 Power BI 中的对象有：Power View 工作表中固定 3D 地图或可视化效果。

当固定 Excel 中的元素时，将在 Power BI 中的新仪表板或现有的仪表板中添加新的磁贴。新的磁贴是快照，因此它不是动态的，但是仍可以更新。例如，如果更改已固定的数据透视表或图表，那么 Power BI 中的仪表板磁贴不会自动更新，但是仍可以使用固定管理器来更新已固定的元素。

1. 下载和安装

Power BI Publisher for Excel 是一个可以下载并在 Microsoft Excel 2007 和更高版本的桌面版上安装的加载项。下载链接为：http://go.microsoft.com/fwlink/?LinkId=715729。

下载安装完成后在你会在 Excel 中看到一个新的"Power BI"功能区，如图 9-1 所示。

可以在其中登录（或注销）Power BI、将元素固定到仪表板，以及管理已固定的元素。

默认情况下已启用 Power BI Publisher for Excel 外接程序，但是如果因为某些原因未在 Excel 中看见 Power BI 功能区选项卡，则需要启用它。单击文件→选项→加载项→ COM 加载项，选择"Microsoft Power BI Publisher for Excel"即可。

2. 将区域固定到仪表板

你可以从工作表中选择任何单元格区域，然后将该区域的快照固定到 Power BI 中的现有或新的仪表板；也可以将同一个快照固定到多个仪表板。

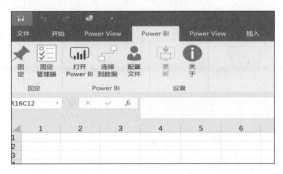

图9-1

在 Excel 中的"Power BI"功能区选项卡中选择"配置文件"。如果已登录到 Power BI，你将看到一个对话框，其中显示了当前的登录账户。如果这正是你想使用的账户，直接可以进行操作，以固定你的区域。如果想要使用其他 Power BI 账户，则选择"注销"。如果尚未登录，则首先在图 9-2 所示的界面中，从 Excel 的"Power BI"功能区选项卡中选择"配置文件"时所显示的"登录"链接，接着在"连接到 Power BI"对话框中键入要使用的 Power BI 账户的电子邮件地址，然后单击"登录"，弹出验证的网页，输入密码，成功登录后显示登录账号信息。

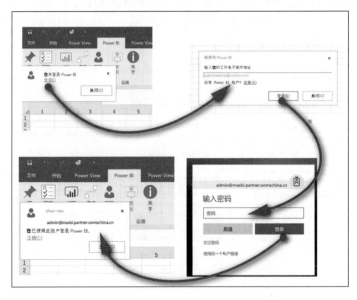

图9-2

登录到 Power BI 后，选择需要固定到仪表板的区域，如图 9-3 所示，单击"固定"按钮，以显示"固定到仪表板"对话框，如图 9-4 所示。如果你尚未登录 Power BI，系统将提示你登录。从图 9-4 中"工作区"下拉列表中选择一个工作区，如果想要固定到自己的仪表板，请确认选择的是"我的工作区"。如果想要固定到组工作区中的仪表板，请从下拉列表中选择组，并选择是固定到现有仪表板还是创建新仪表板。单击"确定"按钮将所选内容固定到仪表板。完成后在 Power BI 仪表盘中可以看到固定的内容，如图 9-5 所示。

使用同样的方法可以把 Excel 的图表等元素固定到 Power BI 仪表板上。

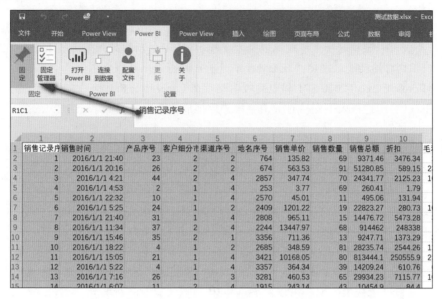

图9-3

图9-4

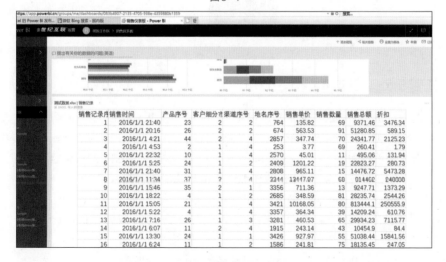

图9-5

9.1.2   在Excel中分析

一些用户在某些时候希望使用 Excel 查看 Power BI 中的数据集并与之交互。借助在"Excel 中分析",不仅可以做到这一点,还可以基于 Power BI 中存在的数据集访问 Excel 中的数据透视表、图表和切片器功能。使用"在 Excel 中分析"时有以下几点要求。

(1) Microsoft Excel 2010 SP1 和更高版本支持在 Excel 中分析。

(2) Excel 数据透视表不支持对数值字段进行拖放聚合。你在 Power BI 中的数据集必须具有预定义的度量值。

(3) 某些组织可能有组策略规则,导致无法对 Excel 安装所需的"在 Excel 中分析"更新。

如图 9-6 所示,在 Power BI 中的数据集或报表关联的省略号菜单(…)中选择"在 Excel 中分析"之后,Power BI 会创建一个 .ODC 文件并将其下载到你的计算机。

首次使用"在 Excel 中分析"时,需要更新 Excel 库。系统会提示你下载并运行 Excel 更新,并下载 SQL_AS_OLEDDB.msi 安装"Microsoft Analysis Services OLE DB"组件。

安装完成后,打开 .ODC 文件,会启动 Excel,弹出图 9-7 所示的安全声明,单击"启用"按钮。之后会弹出认证窗口,需要输入你的 Power BI 的账户进行验证登录。登录完成后 Excel 会打开一个空数据透视表,现在可以对 Power BI 数据集执行各种分析。借助"在 Excel 中分析",你可以创建数据透视表、图表,添加来自其他源的数据等,就像使用其他本地工作簿一样。当然,你也可以创建包含各种数据视图的工作表。

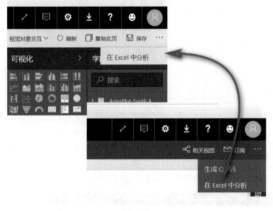

图9-6

图9-7

9.1.3   托管Excel工作簿

利用 Office Online Server(OOS)可以将 Excel 托管在 Power BI 报表服务器中,实现在线查看和编辑 Excel。Office Online Server 是一种 Office 服务器产品,它为 Office 文件提供基于浏览器的文件查看和编辑服务。Office Online Server 适用于支持 WOPI(Web 应用程序开放平台接口协议)的产品和服务。关于 OOS 的详细信息请参阅以下链接:

https://docs.microsoft.com/zh-cn/officeonlineserver/office-online-server-overview。

OOS 必须是独立的服务器,并且使用 Windows Server 2012 或者 Windows Server 2016。安装配置 OOS 与 Power BI 报表服务器结合请参考如下链接:

https://docs.microsoft.com/zh-cn/power-bi/report-server/excel-oos。

此内容涉及了 OOS、Excel Web App，请参阅相应的文档。本书不做详细的阐述。

9.2　Power BI报表服务器中的行级别权限控制

内部部署 Power BI 报表服务器时，实现行级权限控制有多种方法，建议使用 Power BI 报表服务器加上 SQL Server 分析服务来完成。下面介绍使用分析服务的表格模型实现行级别的权限控制。

仍然使用之前的模拟数据，其结构如图 9-8 所示。这份数据中包含了销售记录信息。在实际的业务中，不同地区的经理只能访问本地区的销售数据。首先创建一个分析服务表格模型项目（如何创建分析服务的表格模型项目，请参考相应的文档），定义数据表之间的关系。此例中定义了北京和四川的地区经理 2 个角色，具体情况如图 9-9 所示。

图9-8

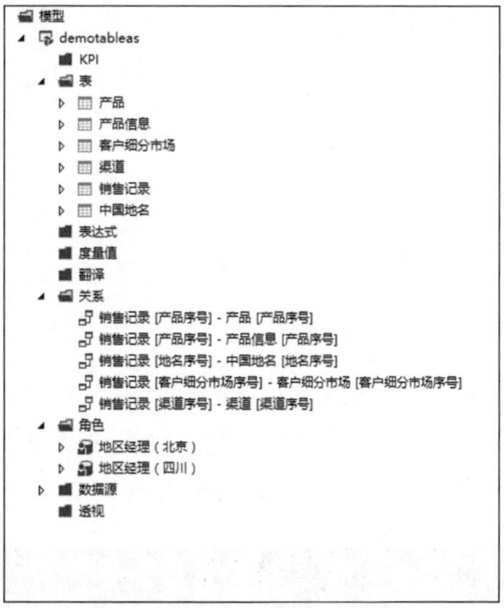

图9-9

单击角色进行相关设置，目的是四川地区的销售经理只能访问四川的销售数据，北京地区的销售经理只能访问北京的数据。具体设置信息如图 9-10 和图 9-11 所示。在成员列表中加入相应的人员，如北京地区销售经理加入 user01 用户，四川地区销售经理加入 user02 用户。

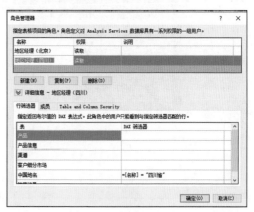

图9-10

图9-11

　　使用管理员账户制作一个报表，内容比较简单，一个是销售总额，下面是详细的销售数据；还有一个是按照产品类型的统计视图，如图 9-12 所示，并将此报表发布到 Power BI 报表服务器。

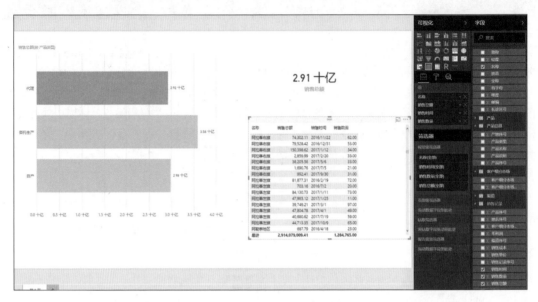

图9-12

　　模拟 user01 和 user02 用户进行登录，登录后的效果如图 9-13 和图 9-14 所示，可以看到当使用 user01 时，用户只能看到北京地区的销售数据。而使用 user02 用户登录则只能看到四川地区的销售数据，从而实现了数据集的安全管控。

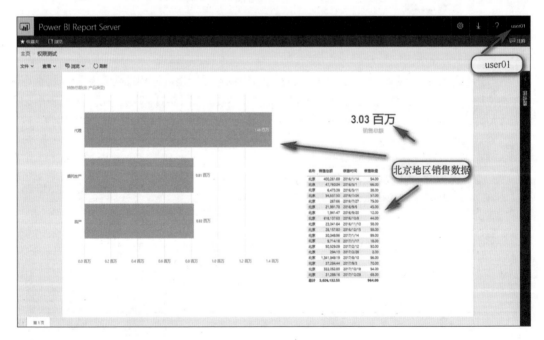

图9-13

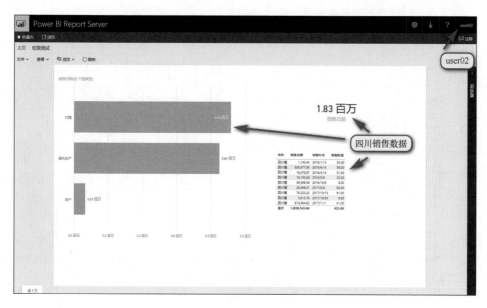

图9-14

9.3 Power BI与R语言集成

Power BI支持与R语言结合，在Power BI Desktop中可以运行R脚本。如果需要执行R语言脚本，需要在本地计算机上安装R。可以从很多位置免费下载并安装R，安装好后需要启用R脚本。

请选择"文件→选项和设置→选项"，如图9-15所示，需要指定R的主目录。通常情况下，Power BI会自动检测到对应的目录。如果没有找到，需要自己指定目录。还可以指定自己喜欢的R编辑器。设置完成后，即可使用R集成功能。

图9-15

下面使用 R 的测试数据来进行演示。单击获取数据，选择"R 脚本"，如图 9-16 所示，单击连接按钮，出现图 9-17 所示的界面，输入代码"data(mtcars)"获取 R 语言的模拟汽车销售的数据。

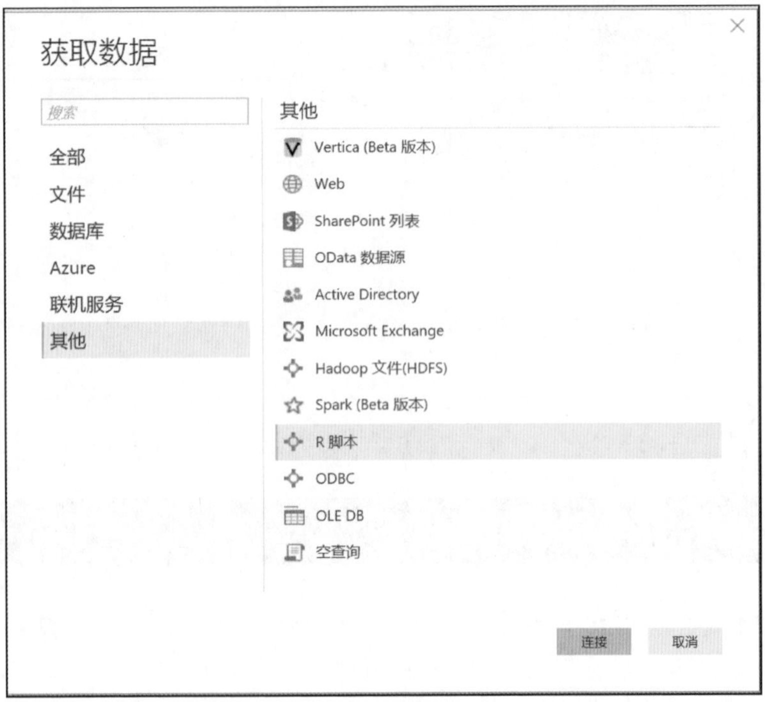

图9-16

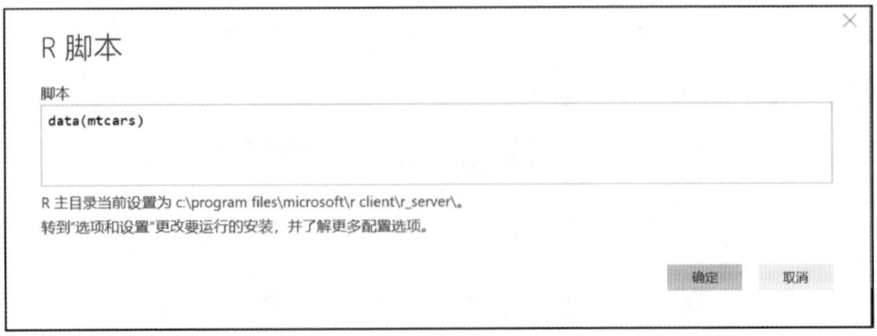

图9-17

在图 9-18 中预览数据，选择 mtcars，单击"加载"按钮，完成后如图 9-19 所示。

单击可视化视觉对象中的 R 可视化对象。在界面下方是脚本编辑器，其中提示："拖动字段到可视化窗格的'值'域内开始编写脚本"。将字段 cyl、disp、carb、qsec、gear 拖到值中，出现图 9-20 所示的界面，R 编辑器中出现了几行代码。

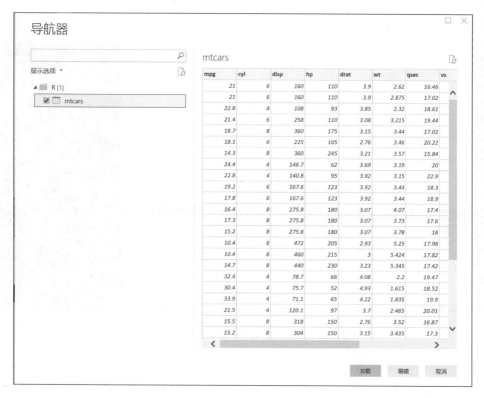

图9-18

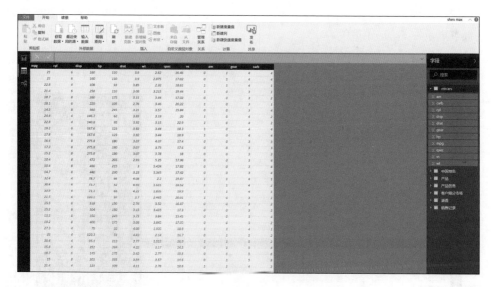

图9-19

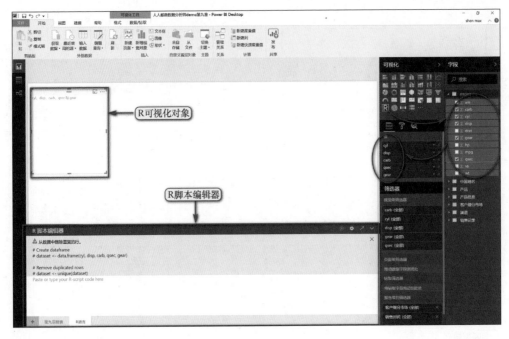

图 9-20

输入代码:

```
library(ggplot2)
library(RColorBrewer)
library(ggthemes)
ggplot(mtcars,aes(qsec,disp,colour=factor(cyl)))+geom_point()+theme_calc()
+scale_color_calc()+guides(colour=guide_legend(title=NULL))
```

单击运行出现图 9-21 所示的效果,和在 R 中一样。因此你可以借助 R 强大的绘图功能,将 R 的报表展示在 Power BI 中。

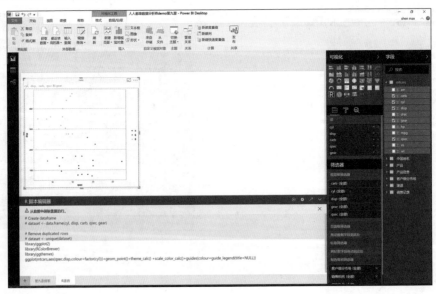

图 9-21

　　Power BI 中还有大量 R 的自定义的可视化对象。单击"开始"选项卡下的"来自存储"，出现"Power BI 自定义视觉对象"，搜索"R"后出现图 9-22 所示的可视化对象内容。单击"添加"按钮即可导入可视化对象。针对这些 R 的可视化对象，开发人员进行了大量的工作，无须你编辑代码，即可使用。例如导入 Correlation plot 可视化对象后，选择 Correlation plot，拖拉需要分析的字段，即可生成报表，如图 9-23 所示。

图9-22

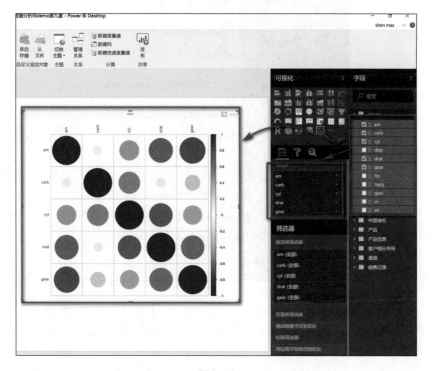

图9-23

　　R 的视觉对象都包含着统计算法和统计模型的视觉可视化对象。经过精心设计，复杂的统计算法模型呈现出精美的视觉图表对象，使用者可以不用深入了解模型和算法原理，就能领会模型所表达的决策信息。这使很多用户可以不用深入学习枯燥的代码，而使用友好的交互方式，实现对数据的理解和使用。

9.4　快速见解

9.4.1　数据集使用快速见解

　　普通用户拥有数据集后，往往不确定如何下手进行数据分析、报表创建和仪表板的制作等。而快速见解则能帮助用户基于现有的数据集生成非常丰富的交互式可视化效果。快速见解是以与 Microsoft Research 联合开发且数量不断增长的高级分析算法为基础构建而成。可以在工作区的数据集中选择需要进行快速见解的数据集，单击右边省略号出现图 9-24 所示的"快速见解"选项。也可以单击工作区，在页面中选择"数据集"选项卡中省略号（…），然后选择"获得快速见解"，如图 9-25 所示。

图9-24

　　单击"获得快速见解"后，Power BI 使用各种算法来搜索数据集中的趋势，如图 9-26 所示。完成后如图 9-27 所示，单击"查看数据分析"可看到图 9-28 所示的结果。可视化效果会在特殊的"快速见解"画布中显示，最多可包含 32 个不同的见解卡片。每张卡片会有一个图表或图形，并附上简短的说明。

图9-25

图9-26　　　　　　　　　　　　　　　　　　　图9-27

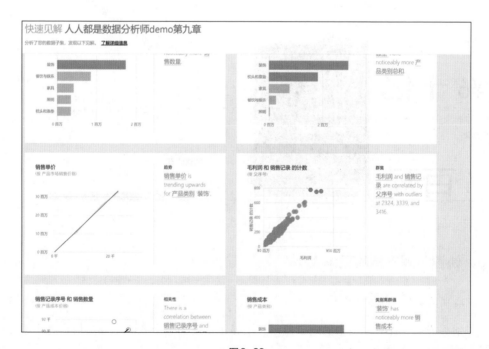

图9-28

9.4.2　在仪表板中使用快速见解

在仪表板中单击每一个视觉对象的省略号，然后单击图 9-29 中的"查看数据分析"，即可获得快速见解内容，如图 9-30 所示。

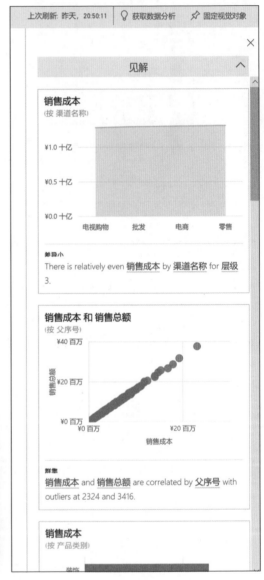

图 9-29　　　　　　　　　　　　　　　　图 9-30

9.4.3　快速见解支持的见解类型

1. 类别离群值（上 / 下）

"类别离群值"针对模型中的度量值，突出显示维度的一个或两个成员值远大于维度的其他成员值的情况，如图 9-31 所示。

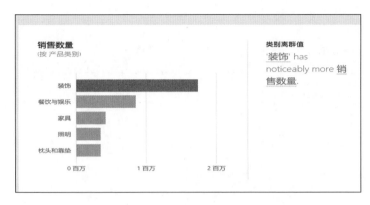

图9-31

2. 更改时序中的点

"更改时序中的点"突出显示数据时序中趋势明显变化的情况，如图 9-32 所示。

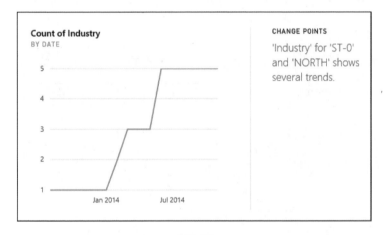

图9-32

3. 关联

"关联"检测当根据数据集中的某个维度绘制多个度量值时，多个度量值彼此之间显示关联的情况，如图 9-33 所示。

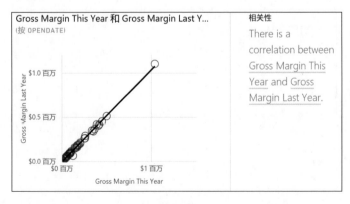

图9-33

4. 低方差

"低方差"检测数据点不偏离平均值的情况，如图 9-34 所示。

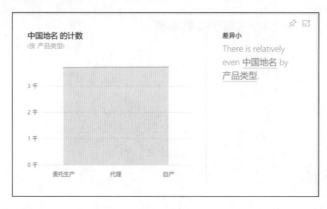

图9-34

5. 多数（主要因素）

"多数"查找当总值由另一个维度分解时，其多数可能归因于单一因素的情况，如图 9-35 所示。

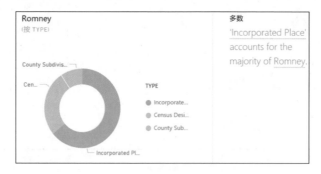

图9-35

6. 时序中的整体趋势

"时序中的整体趋势"检测时序数据中的向上或向下的趋势，如图 9-36 所示。

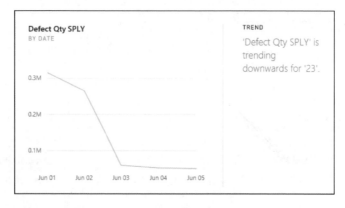

图9-36

7. 时序中的季节性

"时序中的季节性"查找时序数据中的周期模式，例如每周、每月或每年的季节性，如图9-37所示。

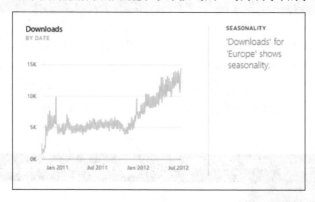

图9-37

8. 稳定份额

"稳定份额"突出显示子值的份额相对于跨连续变量的整体父值有父子关联的情况，如图9-38所示。

图9-38

9. 时序离群值

"时序离群值"针对跨时序的数据，检测特定日期或时间值明显不同于其他日期/时间值的情况，如图9-39所示。

图9-39

9.5 使用自然语言问与答

问答是 Power BI 的即席报表工具。你可以使用自然语言对你的数据提问，然后会收到以可视化效果形式显示的答案。打开仪表板，在仪表板顶部有一个提问框，如图 9-40 所示。Power BI 中的"问答"功能可以使用自然语言进行交互，目前支持英语。如果没有此问答框，在"设置"中单击仪表板选择相应的仪表板，勾选"在此仪表板上显示'问答'搜索框"功能，如图 9-41 所示。

图9-40

图9-41

在框中输入"销售总额 by 产品类型 where 客户细分市场 is 非会员"后，可生成图 9-42 所示的图表。

Power BI 问答会自动地帮助生成相应的分析图表，并且在交互操作上非常方便。单击相应的字段名会有相应的各种提示。在图表的下方有相应的转换 SQL 语句的提示（见图 9-42）。使用问答可以快速理解数据和进行分析。

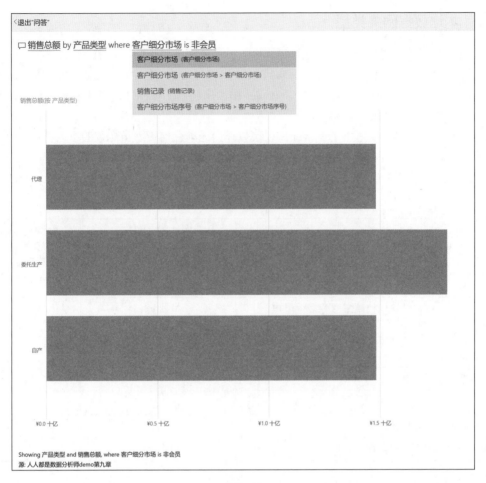

图9-42

9.6 本地数据网关

9.6.1 本地数据网关介绍

　　Power BI 服务作为 SaaS 运行在公有云上。用户将报表分享到 Power BI 服务供有权限的用户分享。但是很多用户数据放在本地数据中心，因此在访问数据源时受到很多阻碍。本地数据网关的作用好似一架桥，提供本地数据（不在云中的数据）与 Power BI、Microsoft Flow、逻辑应用以及 PowerApps 服务之间快速且安全的数据传输。

　　使用本地网关，你可以通过连接本地数据源让数据始终保持最新状态，而无须将数据移动到云上。此网关让你可以灵活地满足个人需求和组织需求。Azure 服务总线保障 Power BI 与网关之间数据传输的安全。网关管理员提供的凭据进行了加密，以帮助保护你在云中的数据，且仅在网关计算机上进行解密。

9.6.2 本地数据网关类型

本地数据网关有两种模型：标准模型和个人模型，两种模型的区别如下。

标准模型：在此模式中，多个用户可以共享和重复使用网关。Power BI、PowerApps、Flow 或逻辑应用可以使用此网关。对于 Power BI，还包括支持计划刷新和 DirectQuery。允许多个用户连接到多个本地数据源，

个人模型：此模式仅适用于 Power BI，可以作为无须任何管理员配置的个人身份使用，仅可用于按需刷新和计划刷新，允许一位用户连接到源，且无法与其他人共享。

表 9-1 描述了两种模型的区别。

表 9-1

项　　目	本地数据网关 （标准模型）	本地数据网关 （个人模型）
它将处理的云服务	Power BI、PowerApps、Azure 分析服务、Microsoft Flow	Power BI
通过对每个数据源的访问控制来服务多位用户	是	
针对不是计算机管理员的用户，以应用方式运行		是
使用凭据以单一用户身份运行		是
导入数据和设置计划刷新	是	是
支持对 SQL Server、Oracle、Teradata 使用 DirectQuery	是	
支持实时连接 Analysis Services	是	
对网关和数据来源进行监视和审核	即将推出	

无论安装上述哪一种模式的网关，都需要注意以下 6 点。

（1）两个网关都需要 64 位 Windows 操作系统。

（2）网关不能安装在域控制器上。

（3）最多可以在同一台计算机上安装两个本地数据网关，分别在两个模式（个人和标准）下运行。

（4）在同一台计算机上，不能有多个网关在相同模式下运行。

（5）可以在不同计算机上安装多个本地标准模型数据网关，并通过同一 Power BI 网关管理界面管理所有这些网关。

（6）只能为每个 Power BI 用户运行一个个人模型网关。如果为同一用户安装另一个个人模型网关，即使是在其他计算机上，最新安装也会替换现有旧安装。

9.6.3 本地数据网关（标准模型）安装和使用

访问 https://powerbi.microsoft.com/zh-cn/gateway/ 可以下载网关安装文件，文件名为：Power BIGatewayInstaller.exe。单击此文件出现安装界面，如图 9-43 所示。

单击"下一步"按钮，出现图 9-44 所示的安装界面，选择"On-premiss data gateway（推荐）"，即可安装标准模型网关。单击"下一步"按钮出现图 9-45 所示的界面，进行安装前出现图 9-46 的安装提醒，提示不能安装在个人电脑，休眠会停止数据的传输。单击"下一步"后出现图 9-47 的安装界面，选择安装的位置和接受相应的安装条款和隐私声明。单击"下一步"进行安装。

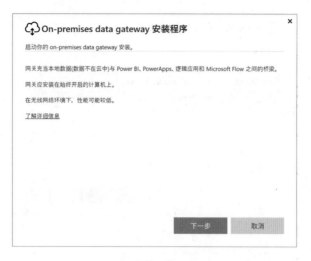

图9-43

图9-44

图9-45

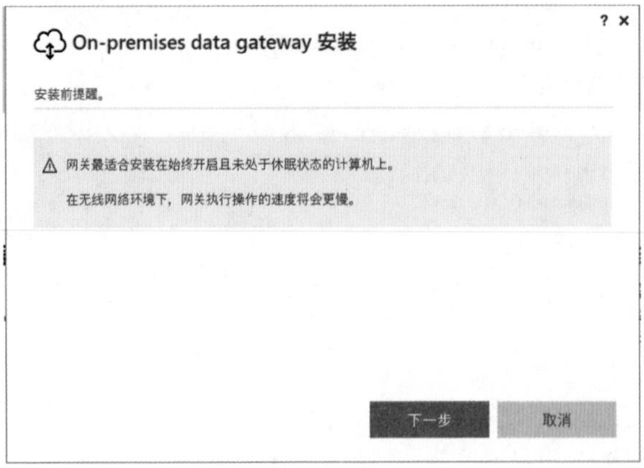

On-premises data gateway 安装
安装前提醒。
网关最适合安装在始终开启且未处于休眠状态的计算机上。
在无线网络环境下，网关执行操作的速度将会更慢。
下一步
取消

图9-46

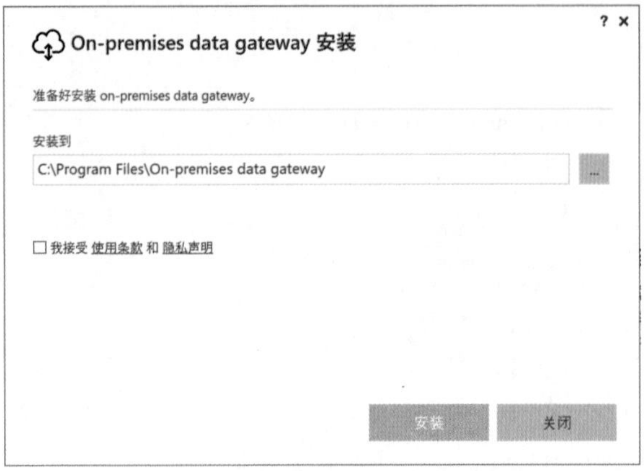

On-premises data gateway 安装
准备好安装 on-premises data gateway。
安装到
C:\Program Files\On-premises data gateway
我接受 使用条款 和 隐私声明
安装
关闭

图9-47

勾选“我接受使用条款和隐私声明”，单击“安装”按钮，即可进行安装。安装完成后如图9-48所示，需要进行账号配置。输入Power BI的账号，进行登录，出现输入密码的认证窗口，如图9-49所示。输入密码，认证通过出现图9-50所示的配置界面。输入网络的名称和恢复密钥，单击“配置”。完成后如图9-51所示。

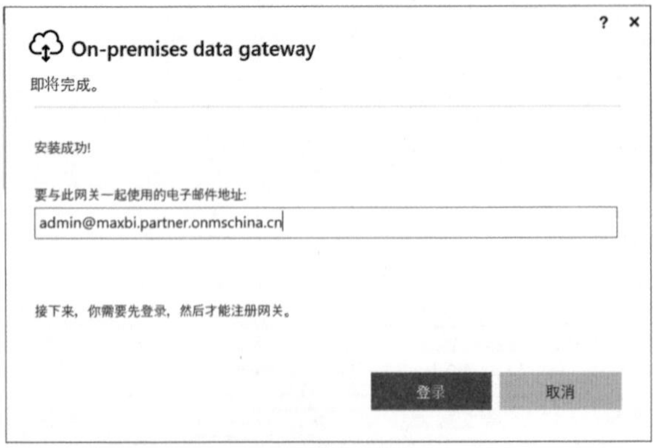

On-premises data gateway
即将完成。
安装成功!
要与此网关一起使用的电子邮件地址:
admin@maxbi.partner.onmschina.cn
接下来，你需要先登录，然后才能注册网关。
登录
取消

图9-48

Sign in to your account
admin@maxbi.partner.onmschi...
Enter password
Password
Sign in
Forgot my password
You're seeing our new sign-in experience
Go back to the old one

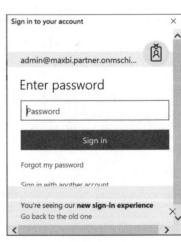

图9-49

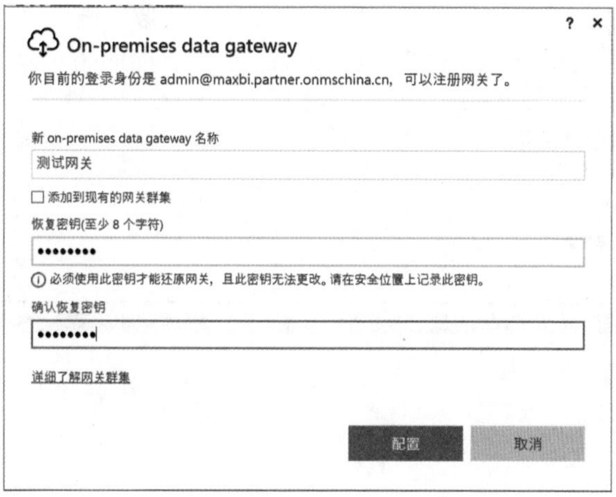

图9-50

图9-51

　　一般情况下默认安装即可，无须进行特殊配置。在图9-51中单击"关闭"按钮，完成网关的安装。用登录网关的账户登录到app.powerbi.cn，单击设置→管理网关，出现图9-52所示的管理界面，图中显示网关已经自动加入到了系统中。

图9-52

单击"添加数据源以使用网关"后出现图 9-53 所示的数据源设置界面，输入数据源的名称，并选择数据源类型。这里举例连接 SQL Server，配置界面如图 9-54 所示。

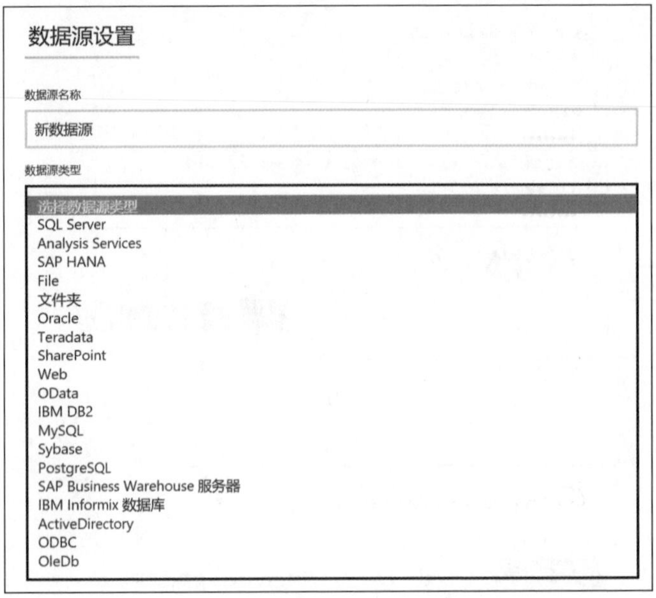

数据源设置

数据源名称

新数据源

数据源类型

选择数据源类型
SQL Server
Analysis Services
SAP HANA
File
文件夹
Oracle
Teradata
SharePoint
Web
OData
IBM DB2
MySQL
Sybase
PostgreSQL
SAP Business Warehouse 服务器
IBM Informix 数据库
ActiveDirectory
ODBC
OleDb

图 9-53

数据源设置

数据源名称

SQL

数据源类型

SQL Server

服务器

127.0.0.1

数据库

RetailDemo_FraudDetection

身份验证方法

Basic

凭据是使用本地存储在网关服务器上的密钥加密而成。 **了解详细信息**

用户名

sa

密码

••••••••

>高级设置

添加   放弃

图 9-54

　　输入相应数据源的名称，选择 SQL Server 类型，输入服务器的地址或者名称、数据库名称、身份验证方法、用户名和密钥。单击"添加"按钮，配置成功后出现图 9-55 所示的界面。

图9-55

　　如图 9-55 所示，提示连接成功，即可使用数据源进行报表设计。如果需要添加对此数据源有权限的用户，可以单击"用户"选项卡，输入需要添加用户的邮件地址，如图 9-56 所示，添加 user01@maxbi.partner.mschina.cn 有数据源的管理权限。

　　设置完成数据源后，在 Power BI Desktop 中设计报表只需要连接数据源，使用与网关设计的数据源相同的服务器名称或者 IP，并创建报表。发布后报表会自动连接网关。如本例中在 Power BI Desktop 连接数据源，如图 9-57 所示。报表设计完成后，发布报表，查看数据集，如图 9-58 所示。图中显示已经连接到了本地的数据源，并且可以设置刷新的频率。

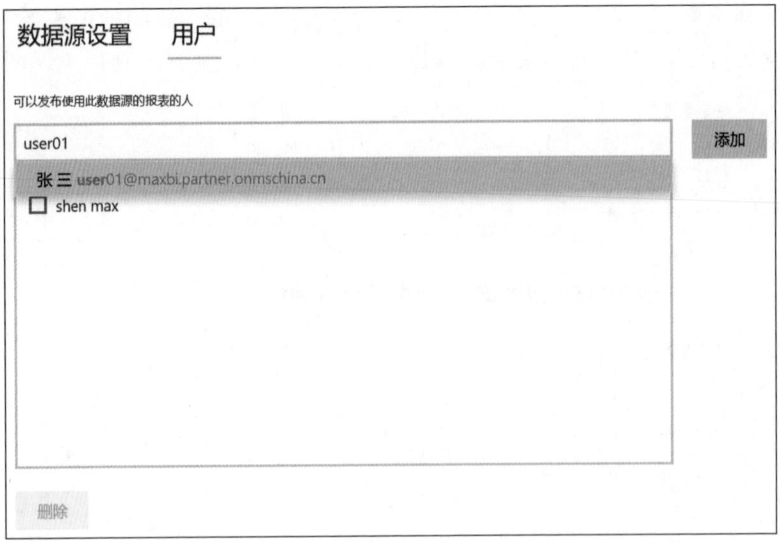

数据源设置　用户

可以发布使用此数据源的报表的人

| user01 | 添加 |

张三 user01@maxbi.partner.onmschina.cn

☐ shen max

删除

图 9-56

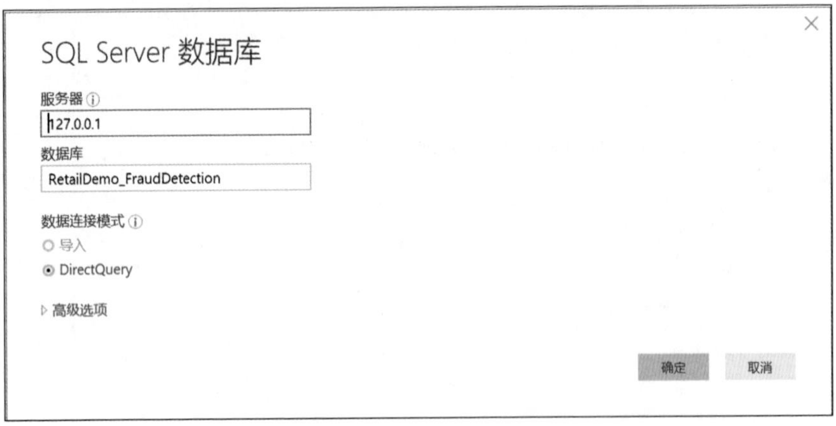

SQL Server 数据库

服务器 ⓘ

127.0.0.1

数据库

RetailDemo_FraudDetection

数据连接模式 ⓘ

○ 导入

◉ DirectQuery

▷ 高级选项

确定　取消

图 9-57

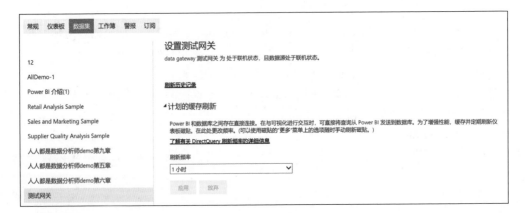

图 9-58

9.6.4　本地数据网关（个人模型）安装和使用

访问 https://powerbi.microsoft.com/zh-cn/gateway/ 可以下载网关安装文件，文件名为：PowerBIGatewayInstaller.exe。单击此文件出现安装界面，如图9-59所示，单击"下一步"按钮，出现图9-60所示的安装界面，选择"On-premiss data gateway(person mode)"，即可安装个人模型网关。

图9-59

图9-60

单击"下一步"按钮，安装过程与上一节相同，直到出现登录界面，输入相应的 Power BI 的用户名和密码，完成登录，网关安装成功。

这样就完成了在 Power BI Desktop 中创建报表，连接内部数据源，完成后将报表发布到 Power BI 的功能。然后选择设置→数据集，选择相应的数据集，出现图9-61所示的界面，选择联机的个人网关，如果还有其他网关，也会被列出来。选择后单击"应用"，系统测试连接凭据是否成功，如果不成功会提示设置新的凭据。完成后还可以设置数据刷新的频率以保证数据为最新。注意：在上一节讲到安装好的标准模型网关，在管理网关中可以看到网关并进行添加数据源等操作。而在个人网关中则不能在这里进行设置。只需要在 Power BI Desktop 中创建好报表发布后，在数据集中就可进行设置。

图 9-61

第 10 章　地产集团 Power BI 案例分享

近几年中国地产行业发展迅速，行业整合已成大势所趋，地产开发逐步由区域开发转变为集团化的跨地区综合开发。然而，对于超常规速度发展的房地产企业来说，其面临的挑战也是巨大的。企业要在有限的人力和物力的条件下，对全国区域范围内的多个项目做出科学的决策，这是一项非常复杂的系统工程。面对这样的问题，企业迫切需要一个变革性的商业智能解决方案来对全公司数据进行精细化、集中分析处理。对于房地产这种行业背景深厚、数据产量又大的行业来说，数据的处理和分析能力是商业智能软件所必须具备的重要特性。本案例中国内某地产巨头利用微软 Power BI 商业智能解决方案，构建企业管理驾驶舱，利用数据可视化技术直观展现数据，多维度多关联辅助决策分析，取得了良好的效果。

10.1　案例背景

某地产集团（以下简称 A 地产），是中国房地产 50 强，中国财富 500 强，也是香港联合交易所上市企业。A 地产集团成立于 1999 年，目前主营业务为住宅、商业、产业园区以及特色小镇的开发与管理。A 地产集团目前已将业务发展至广州、深圳、佛山、东莞、珠海、惠州、中山、清远以及长沙等经济发达城市，共拥有 50 多个处于不同开发阶段的项目，为近 40 万业主提供品质生活居所。截至 2016 年年底，总资产近 900 亿元人民币。

随着公司业务的发展，现有的报表系统已经无法满足目前的业务发展要求。为了强化管理、优化运营、提升效率，结合 A 地产集团信息化建设重点规划及集团信息化发展的趋势研究，依托 5 年集团战略发展方向，指导信息发展向"决策支持"转型，实现数据驱动业务的战略目标，运用及时、准确、全面的数据作为依据，对数据进行统计分析、直观展现，反映公司经营活动的各个状态，以供决策和运营管控的运用。因此要加强、加快集团 BI 项目的建设，建立一套完善的 BI 平台。

10.2　地产集团商业智能平台建设目标和项目范围

集团商业智能 BI 平台主要在全业务数据平台的基础上，实现依据业务需求建立相应的数据集市并进行维度分析设计。同时，需要一个 BI 展现平台，该平台可提供一个灵活、方便的报表设计工具帮助用户部门快速建立业务报表。在设计 BI 报表后，可将 BI 设计报表发布到 BI 报表平台，让 BI 报表用户可以支持通过移动设备和 PC 设备访问 BI 业务报表。BI 项目范围需要实现全业务数据平台、数据集市与分析、报表集成与展现共 3 部分，如图 10-1 所示。

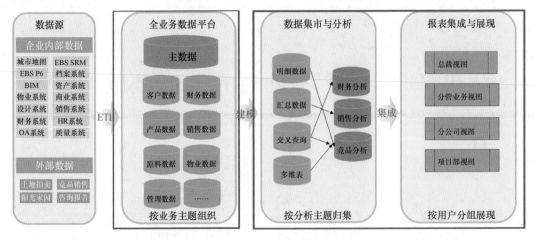

图 10-1

（1）搭建 A 地产大数据平台，实现公司内部数据和外部数据的收集入仓工作，支持公司全量数据的存储和归档；

（2）按照数据治理的要求，进行企业级数据平台模型建设，构建全业务数据整合能力，建立层次化数据架构体系，提供分析应用的数据支撑；

（3）构建从实时、准实时、离线批量（T+1）和面向历史的差异化数据服务能力；

（4）依据地产运营 KPI 体系建立 A 地产 BI 的数据集市和业务分析主题；

（5）实现每日从 A 地产的全业务数据平台抽取业务数据到 A 地产 BI 的数据集市；

（6）基于 A 地产 BI 的数据集市和业务分析主题构建 A 地产的高管驾驶舱，面向总裁办管理用户及业务高管使用；

（7）基于 A 地产 BI 的数据集市和业务分析主题构建 A 地产的业务报表中心，面向各部门管理用户使用。

10.3 地产集团商业智能平台方案介绍

10.3.1 方案概览

地产集团商业智能平台方案的核心价值在于可以帮助 A 地产构建一套以数据分析和数据运营优势为核心的战略优势系统。

战略优势系统构建框架分三步：第一步，快速部署导入"业务＋数据"的嵌入式分析；第二步，构建以数据分析能力为核心的分析优势战略；第三步，构建以数据运营能力为核心的数据运营战略，如图 10-2 所示。

基于 A 地产全业务数据平台打造统一的数据分析运营平台，系统技术架构采用微软 Power BI+SQL Server 平台，数据仓库和数据建模采用 SQL Server 的分析服务，报表展示采用 Power BI 本地部署方式。通过微软可视化分析平台搭建集团分析决策模型，实现集团层面决策高层驾驶舱业务决策以及各业务部门主题分析应用等能力，并持续构建 A 地产集团分析竞争优势以及数据运营能力。

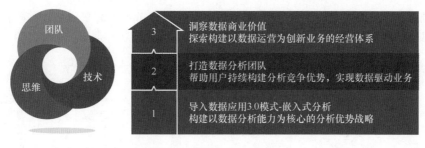

图10-2

10.3.2　项目阶段实施步骤及目标

采用整体规划，分阶段实现的策略。此次项目分两个阶段实现。

第一阶段以快速见效为准，重点实现销售回款主题、运营开发主题、投资管理主题、竞争企业分析、宏观数据分析主题，且将内外部数据以共享维度的方式打通数据展示；

第二阶段实现客户主题分析、财务资金主题的同时，进一步完善竞企分析主题与宏观数据分析主题。

重新梳理全业务数据平台，规范数据统一接口路径；在数据建模方面，采用企业级多维度模型，做到数据统一管控，实现各业务人员自助式分析；同时采用最细粒度建设原则，考虑未来业务需求的快速调整；协助企业完成分析团队的建设与培养，加速地产企业数字化转型；打造持续分析竞争优势与数据运营优势，提前进入地产后运营时代。

10.3.3　分析可视化效果呈现

本案例展示地产 BI 项目部分的数据可视化报表截图，其中截图的数据为虚拟数据，不代表任何一家房地产公司的真实数据。

总裁驾驶舱——以驾驶舱的形式，通过各种常见的图表形象标示企业运行的关键指标KPI，如图 10-3 所示。用到的 Power BI 可视化视觉图表有卡片图、仪表、多行卡、切片器。

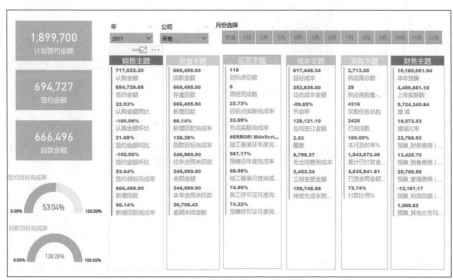

图10-3

营销分析——关键指标分析，如图 10-4 所示，用到的 Power BI 可视化视觉图表有堆积条形图、仪表、KPI Indicator（个性化的可视化对象）、折线和簇状柱形图、切片器等。

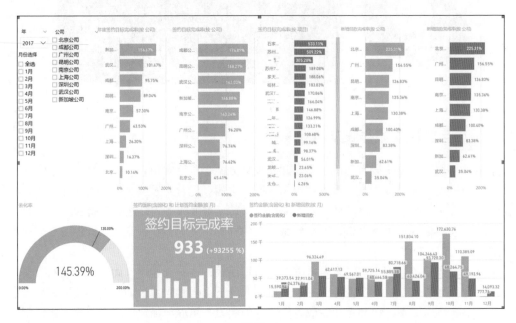

图10-4

营销专题——单价和销售分析，如图 10-5 所示，用到的 Power BI 可视化视觉图表有堆积柱形图、卡片、折线图、簇状条形图、切片器等。

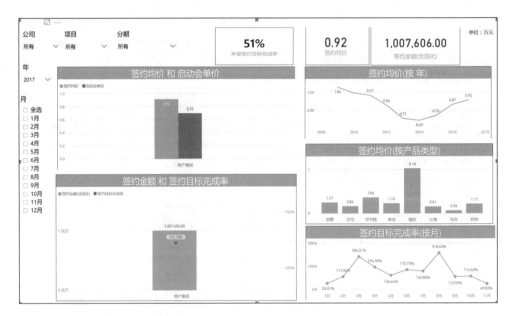

图10-5

运营专题——年度经营目标节点差异分析，如图 10-6 所示，用到的 Power BI 可视化视觉图表有卡片图、仪表、堆积条形图、矩阵、切片器等。

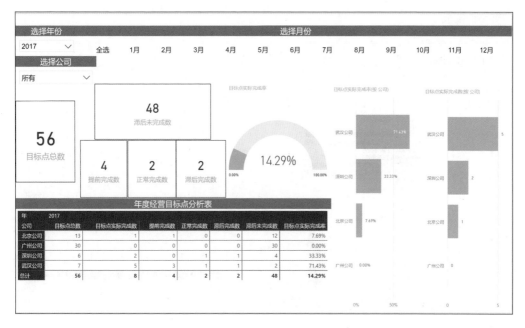

图 10-6

资金专题——关键指标分析，如图 10-7 所示，用到的 Power BI 可视化视觉图表有卡片图、SuperBubbles（气泡图）、金字塔、KPI Indicator、切片器等。

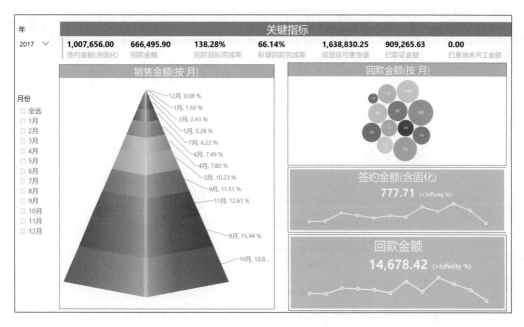

图 10-7

客户主题——客户转化率分析，如图 10-8 所示，用到的 Power BI 可视化视觉图表有堆积条形图、折线图、堆积柱状图、簇状条形图、切片器等。

通过基于微软 Power BI 技术的地产智能化数据分析平台的实施，展现了各项业务的经营数据、KPI 指标及趋势分析可视化，为企业构建数据分析团队、建立地产的智能会议模式提供了强有力的支持。

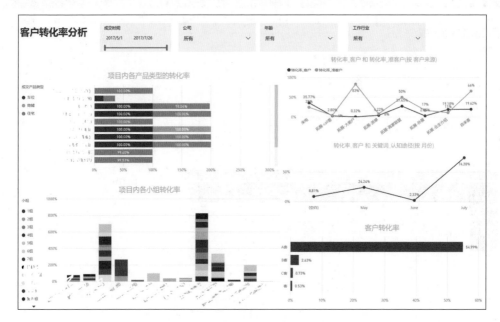

图 10-8

10.4　地产集团Power BI报表实战演练

现在我们来制作一份报表。打开 Power BI Desktop，选择获取数据，数据源为 Excel，如图 10-9 所示。

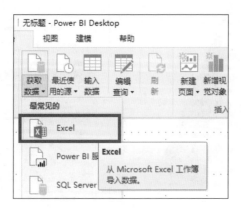

图 10-9

选择我们需要用到的案例——Excel 数据文件"A 地产客户数据分析数据源 .xlsx"，在左侧"导航器"中勾选需要导入的数据表"公司"和"客户信息"，如图 10-10 所示，单击"编辑"按钮。

打开查询编辑器，做数据预处理，选择"将第一行用作标题"，结果如图 10-11 所示。

图 10-10

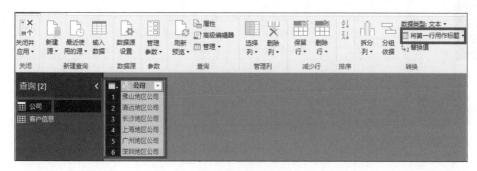

图 10-11

关闭查询编辑器窗口并应用更改，在菜单上选择"建模"选项卡，并查看关系视图，发现 Power BI 已经帮我们建立了事实表和维度表之间的关系，如图 10-12 所示。

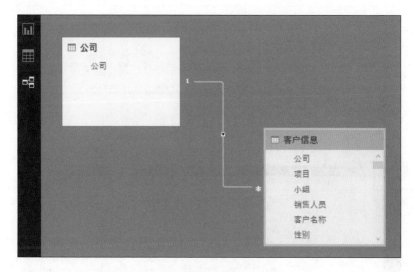

图 10-12

有时，当前分析的数据不包含获取所期望结果时所需的特定字段，我们需要创建计算列。现在切换到数据视图，在右边字段窗格选择"客户信息"表，在"建模"选项卡的计算功能区中，选择"新建列"，如图 10-13 所示。我们可以输入公式"客户数量 = CALCULATE(DISTINCTCOUNT('客户信息 '[公客标识]))"。

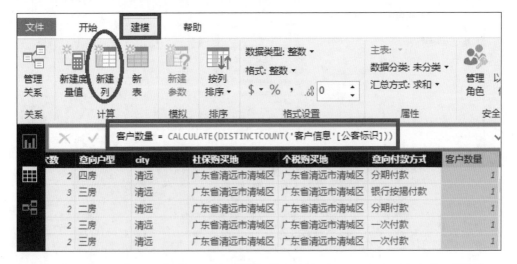

图 10-13

同理，如图 10-14 所示，再增加一个年龄段的计算列，公式如下：

```
年龄段 = SWITCH(TRUE(),
    and(' 客户信息 '[ 年龄 ]>0,' 客户信息 '[ 年龄 ]<=25),"18-25岁",
    and(' 客户信息 '[ 年龄 ]>25,' 客户信息 '[ 年龄 ]<=30),"26-30岁",
    and(' 客户信息 '[ 年龄 ]>30,' 客户信息 '[ 年龄 ]<=35),"31-35岁",
    and(' 客户信息 '[ 年龄 ]>35,' 客户信息 '[ 年龄 ]<=45),"36-45岁",
    and(' 客户信息 '[ 年龄 ]>45,' 客户信息 '[ 年龄 ]<=55),"46-55岁",
    "55岁以上"
    )
```

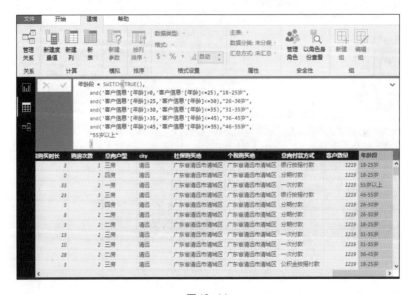

图 10-14

　　数据模型建立完毕，我们切换到报表视图，在任意空白画布上单击，在可视化窗格中选择簇状条形图，把"客户信息"表的"客户来源"字段拖到轴，"客户数量"字段拖到值。在图表的格式设置中，把数据标签设置为开启，把数据颜色设为红色，标题文本改为"客户来源"，标题的对齐方式设置为居中，文本大小适当进行调整，如图10-15所示。从图表中你可以看出，主要客户来源是开盘前通过大量派单，从而完成海量蓄客任务。

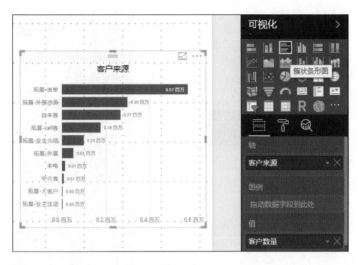

图10-15

　　我们还想分析一下购房的客户年龄段分布。在画布上任意空白区域上单击，在可视化窗格中选择堆积柱形图，把"客户信息"表的"年龄段"字段拖放到轴，"性别"字段拖放到图例，"客户数量"拖放到值。在图表的格式设置中，把数据标签设置为开启，标题文本改为"客户年龄段"，标题的对齐方式设置为居中，坐标轴的文本大小适当进行调整，如图10-16所示。从图表中你可以看出，年轻人是第一大购房群体，中年人是第二大购房群体，他们成为影响房地产市场需求的主力军。

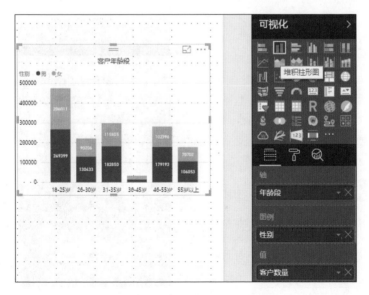

图10-16

　　我们还想分析一下购房的主要目的是自住还是投资。在画布上任意空白区域上单击，在可视化窗格中选择簇状条形图，把"客户信息"表的"置业目的"字段拖放到轴，"客户数量"拖放到值。在图表的格式设置中，把数据颜色改为红色，标题文本改为"客户数量（按置业目的）"，标题的对齐方式设置为居中，坐标轴的文本大小适当进行调整，如图 10-17 所示，从中可以看出自住的购房需求占大多数。

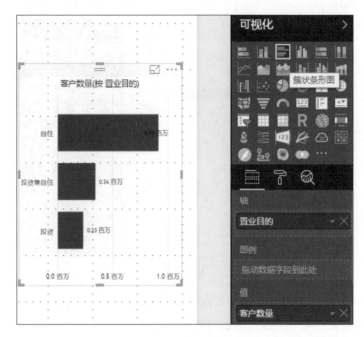

图 10-17

　　为了在报表上直接做筛选，可以为报表添加一个切片器。在可视化窗格中选择切片器，把"客户信息"表的"客户类型"拖放到字段，如图 10-18 所示。

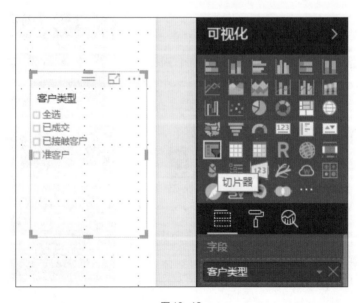

图 10-18

在切片器的格式设置中，可以设定全选选项或是否单项选择，按图 10-19 所示进行设置。现在切片器的列表顶部有全选，可以多项选择。

图 10-19

有时在报表中想要跟踪的最重要的信息就是一个数字，例如这里的"客户数量"这个信息很重要，我们直接使用卡片图来显示，如图 10-20 所示。

图 10-20

另外，如果你想以表格形式显示数据并进行数量比较，可以在可视化效果窗格中选择表，如图 10-21 所示，把"居住区域""工作区域""客户数量"这 3 个字段拖放到值，表的格式设置开启总计。这里主要分析客户数据找到目标客户特征标签，指导房地产公司做精准营销，比如应该给什么居住区域或者工作区域的人投放广告。

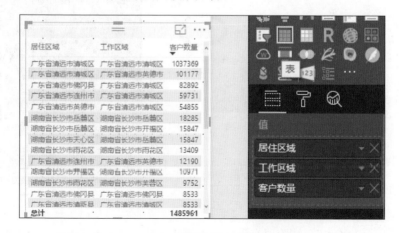

图 10-21

接下来，我们想看客户数量在不同类型中的占比。我们使用自定义可视化对象 Infographic Designer。关于 Infographic Designer，官网上的简要介绍是 Beautify your reports with easy-to-create infographics（用易于创建的信息图表美化您的报告），首先需要在 Power BI Desktop 中添加该自定义图表，如图 10-22 所示，选择"从文件导入"，事先就需要到微软应用商店将该自定义图表下载到本地。

图 10-22

然后在可视化窗格中，我们选择 Infographic Designer 可视化对象，把"客户类型"字段拖放到 Category，把"客户数量"拖放到 Measures，如图 10-23 所示。

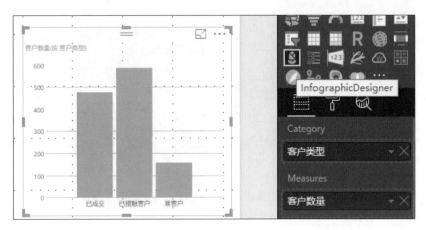

图 10-23

通过修改格式可以更改你想要的图表类型 Type 为"Bar"，然后单击"Edit mark"，进入编辑，如图 10-24 所示。

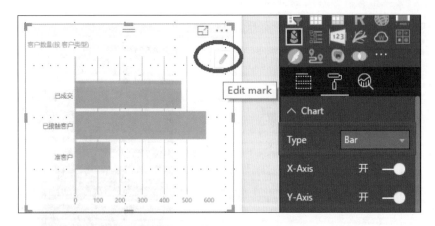

图 10-24

单击"Delete element"，删除现有图标填充样式，单击"Insert shape"选择填充图形，因为我们选择的数据是客户数量，所以选择一个 People 样式的填充图形，同时打开"Multiple units"，修改"Column Count"为 10，修改"Units Per Column"的数量为 1，修改"Fill Percentage"为客户数量，同时修改颜色"Value Color"为红色，如图 10-25 所示。

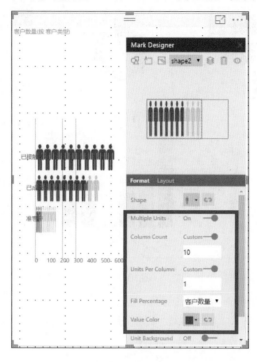

图 10-25

我们需要按"意向判定"来对客户进行分类，可以在可视化效果窗口选择环形图，把"意向判定"拖放到图例，把"客户数量"拖放到值，如图 10-26 所示。按照客户购买意向的强弱、经济承受能力的大小、购房区域范围等因素，可以将客户分为 A、B、C 3 个等级。A 类客户，房地产经纪人主要追踪和开展服务；B 类客户，是房地产经纪人应该重点培养的目标，属于潜在客户；C 类客户，属于无法成交或很难成交的对象。

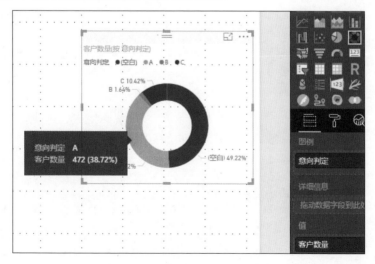

图 10-26

最终通过多张图表的组合，我们要展示的全客户分析报表得以呈现，如图 10-27 所示。

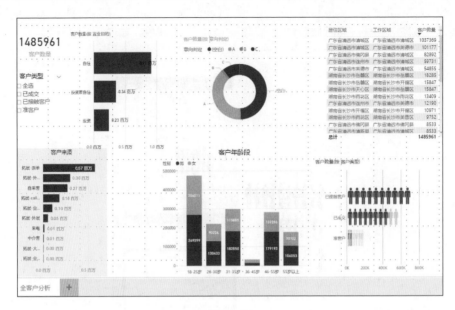

图 10-27

第 11 章　零售行业 Power BI 案例分享

零售行业在近几年发展十分迅速。从实体店线下零售到线上零售，再到今天的"新零售"，零售行业正在变得越来越智能。零售行业的变革不仅是线上线下的成功融合，更体现在对数据的采集、分析和处理，实现数据的精细化管理上。本案例的零售外企客户利用微软的 Power BI 数据分析可视化技术，及时洞察企业经营情况，并指导经营者决策。

11.1　案例背景

此案例是零售行业里的一家大型外企公司，随着公司业务的发展，其现有的报表系统存在很多问题：没有企业级数据仓库 EDW；现有报表数据仅来自于某一个系统；报表性能低，用户体验差。以上现状已经造成报表系统无法满足目前的各个业务部门的发展需要。这给 IT 部门在公司内部带来了非常大的压力。因此需要加强整个集团 BI 平台系统的建设，建立一套完善的、可扩展的 BI 平台系统迫在眉睫。

11.2　零售行业数据分析痛点

一般的零售行业企业在数据分析阶段都会面临以下问题，如图 11-1 所示。

（1）数据分散在多个业务系统，比如零售业务在 POS 系统，企业内部运营在 ERP 系统，客户关系管理在 CRM 系统等，做数据分析需要从多个系统去抓取数据；

（2）传统的报表格式较固定，无法满足业务人员灵活的数据分析需求，且传统报表模式制作报表需要 IT 人员进行代码编写，制作周期较长；

（3）不同业务部门报表的相同指标口径无法统一，如销售部门的销售额为含税价，财务部门的销售额为未税价；

（4）由于零售行业的特性，有越来越多的移动报表需求，传统的报表工具无法满足或效果较差。如用户经常去进行巡店的动作，需要相关门店的信息和历史的指标数据，之前只是实现提取数据制作报表，并打印出来。

图 11-1

11.3　零售行业商业智能平台方案介绍

11.3.1　方案整体架构概览

　　为了满足零售行业数据的分析要求，提高业务人员的工作效率，我们为零售客户建议的解决方案架构如图 11-2 所示。

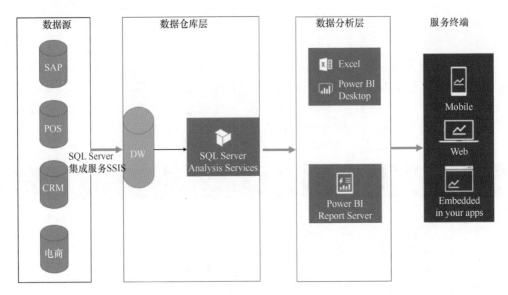

图 11-2

　　方案架构说明如下。

　　（1）采用 ETL 工具（微软 SQL Server 内置的集成服务 SSIS）把数据从各个源系统采集到数据仓库；

　　（2）基于 SQL Server 数据仓库 DW 创建销售、客户、财务等多维分析模型；

　　（3）基于业务需求为客户提供微软 Power BI 和 Excel 自助分析模板报表；

　　（4）终端用户采用手机、浏览器进行报表的查看和自助分析。

11.3.2　方案实施内容

　　方案实施内容如下。

　　（1）主数据的梳理和整合：由于客户的门店、产品等主数据信息之前分布在各个系统以及手工 Excel 中，为了主数据的统一使用，实施了主数据模块，为客户梳理主数据的模型、数据来源以及数据维护规则口径，并为数据分析提供维度相关数据。

　　（2）数据整合：建立包括各个业务主题数据的数据仓库集合。

　　（3）数据分析模型创建：为了满足用户灵活的自动分析和指标的统一口径，为客户提供了财务、供应链、销售和管理分析模型；

　　（4）分析模板报表的设计开发，报表用户覆盖高管、销售、财务等用户群体。

11.3.3 分析可视化效果呈现

本案例展示的数据可视化报表截图中的数据为虚拟数据，不代表任何一家公司的真实数据。

为高管提供全方面的管理报表，如图 11-3 所示，展现公司按照产品类别、品牌、门店看公司每天的销售、同期销售及客流量的情况。这里使用到的 Power BI 可视化视觉对象有切片器、饼图、柱状图、折线图。

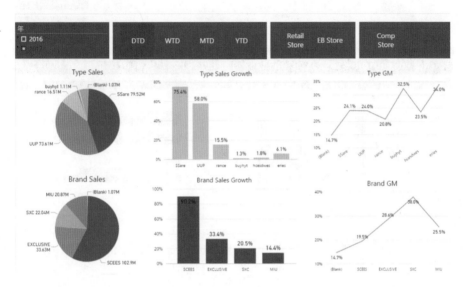

图 11-3

销售分析报表，如图 11-4 所示，展现虚拟公司门店每天的客流量及销售，按照产品类别、品牌展现每天的销售、同期销售、今年毛利率、去年毛利率的情况。这里使用到的 Power BI 可视化视觉图表有切片器、饼图、KPI、表格、圆状图。

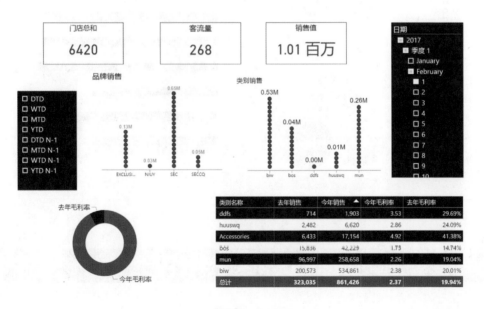

图 11-4

以下报表展现根据客流量、交易量、毛利率分析财年与自然年的销售情况，如图 11-5 所示，使用到的 Power BI 可视化视觉图表有条形图、KPI、切片器、圆状图。

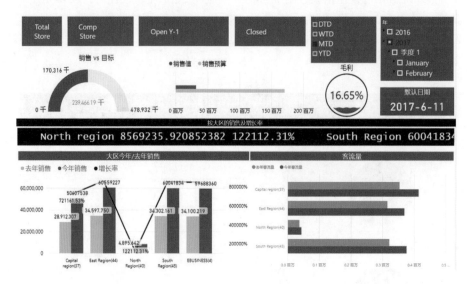

图 11-5

地区门店分析报表展现按照月份看自年初至今的开店、闭店列表，根据地区看开店和闭店，如图 11-6 所示，这里使用到的 Power BI 可视化视觉图表有条形图、多圆图、切片器。

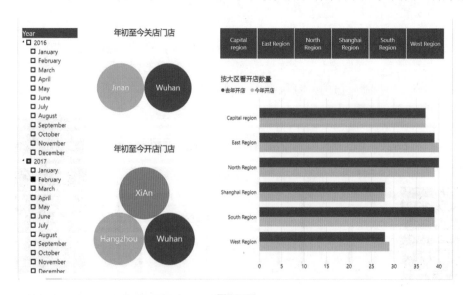

图 11-6

11.4　零售行业 Power BI 报表实战演练

现在我们来制作一份报表，双击本书第 11 章配套演示文件 11.4 中的零售行业 demo.pbix。

Power BI Desktop 启动后，你会看到一个空白画布的报表视图，你可以新增一个空白页。

首先，我们为本页报表添加页面级筛选器，将"Period"表的 PeriodName 字段，和"Store"表的 Region 字段拖过来，如图 11-7 所示。PeriodName 等于 DTD、WTD、MTD 或 YTD，Region 等于 Capital region、East Region、South Region、North Region、EBUSINESS，页面筛选器的作用范围是整个页面上的所有可视化效果。

图 11-7

然后，我们添加一个切片器，然后将"Store"表的字段"Total Store"拖至切片器的字段位置，在格式中更改切片器的背景为红色，在项目中调整字体大小为 15，字体颜色设置为白色，常规中的方向改为水平，适当调整切片器大小和位置，如图 11-8 所示。后面 4 个切片器按照同样的方法操作，切片器的字段名称分别为"Store"表的"CompStore""Open Status""Closed"以及"Period"表的"PeriodName"，这些切片器在报表中起总体联动筛选作用。

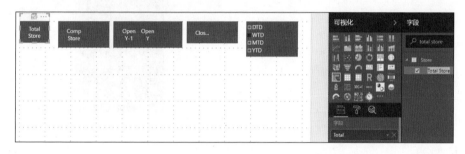

图 11-8

添加一个自定义的可视化视觉对象，名称叫 HierarchySlicer，它是一个以层级方式显示的筛选器，适用于筛选时间或按项目级别进行筛选，需要事先从 Microsoft AppSource 中下载和导入 Power BI。将 Date 字段拖到 Fields 的位置，在图表格式设置中将背景改为红色，调整字体大小为 15，颜色为白色；页眉（Header）字体调整为 15，颜色为白色；调整切片器大小和位置，如图 11-9 所示，它的功能是实现年、季、度、月、天的筛选。

图 11-9

新建一个可视化对象仪表，目的是展示销售差多少可以达到目标值。将"D_SKU_Sales"表的"SalesValues"字段拖放到值，将表"D_Sales"的"SalesBudget"字段拖放到目标值。进入格式设置中，将数据颜色填充为红色、显示单位改为"千"。将仪表的标题改为"销售 vs 目标"，文本大小设置为 14，颜色为黑色，居中显示。调整仪表大小并将仪表移动到报表上方合适的位置，如图 11-10 所示。

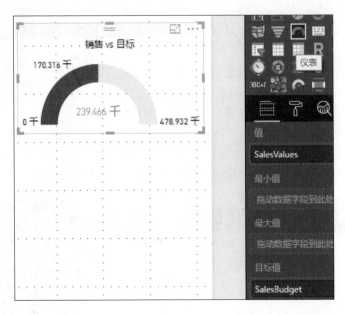

图 11-10

新建一个可视化对象簇状条形图，用来展现实际销售与预算的对比。将销售值"D_SKU_Sales"表的"Sales"字段与销售预算"D_Sales"表的"SalesBudget"字段拖到值中；进入格式中，更改柱形图的数据颜色，销售值为红色，销售预算为银灰色；图例文本大小设置为 13，颜色调整为黑色；调整条形图大小，并将条形图移动到报表上方合适的位置，如图 11-11 所示。

图 11-11

　　新建一个可视化效果 Liquid Fill Gauge（水滴图），主要功能是展现销售毛利率。水滴图也是一个自定义的视觉对象，需要事先从 Microsoft AppSource 下载，并且导入 Power BI。将毛利率"D_SKU_Sales"表的 Gross Margin(Chart) 字段拖入 Value 的位置；水滴图格式设置中，Wave 颜色设置为红色，Circle 的颜色调整为黑色；设置 thickness 为 0.04，Fill Gap 为 0.1；标题文本改为毛利率，文本大小为 14，颜色为黑色，居中显示，如图 11-12 所示。适当调整水滴图大小，将水滴图移动到报表上方合适的位置。

图 11-12

　　新建一个可视化效果滚动字幕（Scroller），用来滚动展现某个大区的销售值及增长率。这又是一个自定义的视觉对象，也需要事先下载并导入 Power BI Desktop。将大区 Region 字段拖到 Category 中，销售值 SalesValues 字段拖到 Absolute 中，销售增长率 Sales Growth 拖到 Deviation 中，将滚动字幕图移动到报表中间合适的位置。进入格式设置中，将 Scroller 中 Front Size 设置为 30，将 Scroll speed 设为 1.5。更改标题文本为"按大区的销售及增长率"，大小设置为 12，颜色为白色，标题背景设置为黑色，居中显示，如图 11-13 所示。

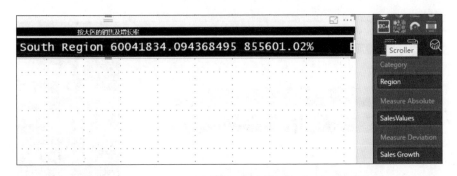

图 11-13

　　我们想看到一个按照大区看今年和去年销售对比情况的展现。你可以新建一个 Power BI 内置的可视化对象折线和簇状柱形图，这是一个复合图表。我们需要将"Store"表"region_storecount"大区字段拖放到共享轴，"D_SKU_Sales"表的"Sales(N-1)"字段及"SalesValues"字段拖放到列值，并且重命名为"去年销售"和"今年销售"，"Sales Growth"字段拖放到行值，并重命名为增长率。在格式设置中将数据颜色销售增长率设置为黑色，去年销售改为银灰色，今年销售改为红色，图例文本大小设置为 14。更改标题文本为"大区今年/去年销售"，背景色设置为红色，字体大小为 14，字体颜色为白色，居中显示，如图 11-14 所示。可将图表移动到报表左边合适的位置，展现去年销售、今年销售和增长率。

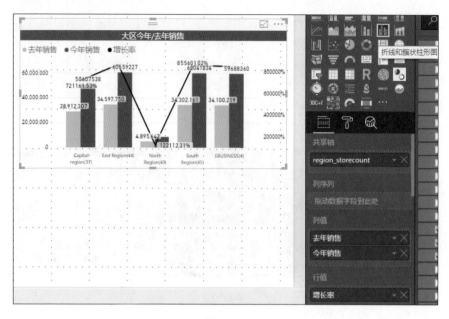

图 11-14

新建可视化对象簇状条形图，将"Store"表"region_storecount"大区字段拖放到轴中，将 D_traffic 表的 Traffic 字段和 Traffic2 字段拖放到值中，并且重命名为"去年客流量"和"今年客流量"。你可以看到一个基本的条形图展现，按照大区展现某个区域今年与去年同期的客流量。在格式设置中，将数据颜色去年客流量改为银灰色，今年客流量改为红色，图例文本大小设置为 14。更改标题文本为"客流量"，背景设置为红色，字体大小设置为 14，字体颜色为白色，居中显示，如图 11-15 所示。调整大小，并把图表移动到报表右下方合适的位置。

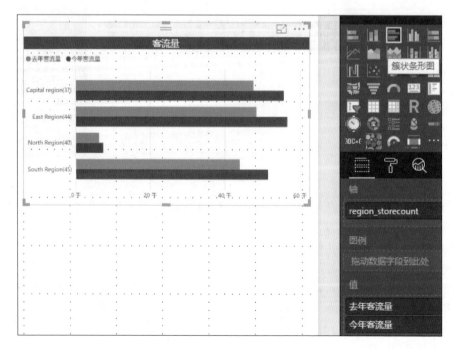

图 11-15

将所有图表排列布局，最终效果如图 11-16 所示，报表设计完成。

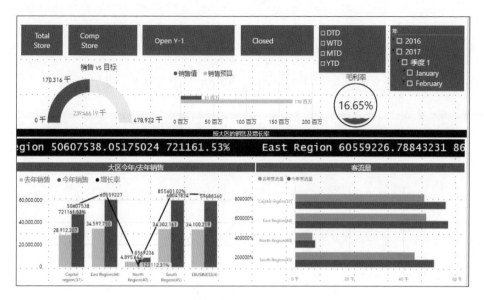

图 11-16

第 12 章 制造业 Power BI 案例分享

生产制造行业是我国国民经济的支柱产业，是我国经济增长的主导行业和经济转型的基础。制造业未来将朝着供应、制造和销售信息越来越数据化、智慧化的方向发展。信息技术和工业技术的融合，信息的数据化管理，正给我国制造企业带来极大的挑战。本案例中某生产制造企业利用微软的 Power BI 商业智能解决方案，实现了企业的经营生产数据可视化，提高了效率，提升了效益。

12.1 案例背景

B 集团是制造业的标杆，由于业务的扩大，需要上线 MES 生产管理系统。但由于之前大多数报表都是先从不同系统中提取报表，再通过 EXCEL 将现有报表加工成新的报表，这种做报表的模式远远不能满足业务部门的需求，所以业务部门急需开发一套数据分析报表系统。

12.2 生产制造行业数据分析痛点

一般制造行业在数据分析阶段都会面临以下问题。

（1）由于现有的系统建设时期不同、开发公司不同、应用不同等多种因素，导致各种类型的业务数据相互隔离，形成数据孤岛。

（2）业务分析员经常会对手工录入的数据进行分析，但公司没有一个统一的、方便的且能够与其他系统连通的数据录入平台，导致制作报表非常不方便。

（3）很多业务分析员都使用 EXCEL 做报表。EXCEL 做报表最大的缺点就是图表展示不够丰富。一张漂亮的图表能够直观地展示数据，让我们对数据的走势及对比一目了然。相反一张难看的图表，有可能会起到相反的作用。

（4）一张手工报表的制作流程，需要先按照报表需求从不同系统中获取数据，然后进行数据整理，最后分析 3 个步骤，制作完成后还需要通过电子邮件或者共享文件夹的方式分享给其他用户。其他用户只要接收到报表，就可以浏览报表中的所有数据，所以手工制作报表耗费时间长，重复步骤多且容易出错，不易分享且安全性比较差。

（5）没有一个系统将所有的关键性 KPI 指标放在一起，形成仪表盘或者驾驶舱，并使关键性 KPI 指标能够动态地更新，方便管理者进行快速决策。

（6）在会议上进行报表数据展示时，总会有人对数据有疑问或者想法，也无法快速地回答他们的疑问或者想法。

12.3　制造行业商业智能平台方案介绍

12.3.1　方案整体架构概览

为了满足制造行业人员的分析要求，我们提供的参考解决方案架构如图 12-1 所示。

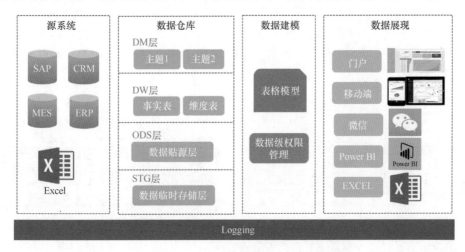

图 12-1

方案架构说明如下。

整体方案由源系统、数据仓库、数据建模、数据展现、Logging 等 5 部分组成。

（1）源系统：制造行业中源系统由 SAP、CRM、MES、ERP、EXCEL 等 5 部分构成。

（2）数据仓库：定时通过 SSIS 包从源系统中抽取数据，然后依次集成到数据仓库中的 STG 层、ODS 层、DW 层、DM 层。STG 层是数据的临时存储层，每次在使用之前先清空，再插入。ODS 层是操作数据存储的中间层，特点是数据模型采取了贴源设计，业务系统数据库数据结构是怎样的，ODS 数据库的结构就是怎样的，保存着与源系统一样的数据与结构。根据业务需求将会把 ODS 层中的数据处理成事实表与维度表，然后将事实表与维度表中的数据加载到 DW 层中。最后根据业务分析主题，将 DW 层中的数据进行逻辑拆分，形成 DM 层。

（3）数据建模：使用 DM 层中的数据作为数据源，创建表格模型。本方案中可以通过前端门户的数据权限页面，统一为用户添加行级数据权限。

（4）数据展现：终端用户可以通过网页端、Power BI Desktop、手机、IPAD、微信、EXCEL 等多种方式访问 BI 系统。

（5）Logging：从源到 DM 所有的数据处理都会记录在日志里。

12.3.2　方案实施内容

方案实施内容如下。

（1）数据整合：将 SAP、CRM、MES、ERP、EXCEL 等 5 部分数据统一集成到 DW 库中。

（2）根据 DW 建立 DM 主题，主题包括：材料利用率主题、人工效率分析主题、投入产出主题、质量不良主题、供应链分析主题、质量管理主题、财务主题等。

（3）将各个主题的 Power BI 报表集成到门户中，使用户可以通过各种终端浏览报表数据。

（4）为业务人员提供简单易学的数据分析工具，提高传统手工数据报表制作的工作效率，进而推动他们逐步学会利用平台上不断积累的数据做自助式的数据分析和业务探索。

（5）根据用户需求对 Power BI 组件进行定制化，包括源生组件定制化。

12.3.3　分析可视化效果呈现

下面以质量管理主题为例，进行效果呈现。本案例展示的数据可视化报表截图中的数据为虚拟数据，不代表任何一家公司的真实数据。

（1）质量管理 DashBoard 仪表板的第一页如图 12-2 所示，这里用到的 Power BI 可视化对象有 KPI Indicator。

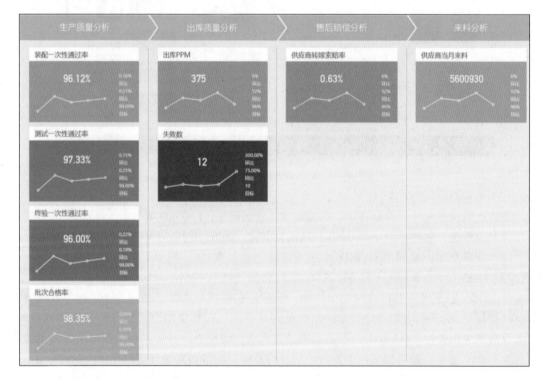

图 12-2

（2）质量管理 DashBoard 仪表板的第 2 页如图 12-3 所示，用到的 Power BI 可视化对象有卡片图、Chiclet Slicer、柱形图、折线图、饼图。

（3）供应商分析如图 12-4 所示，用到的 Power BI 可视化对象有 KPI Indicator、雷达图、表。

（4）故障率分析报表如图 12-5 所示，用到的 Power BI 可视化对象有仪表盘、Chiclet Slicer、环形图、树状图。

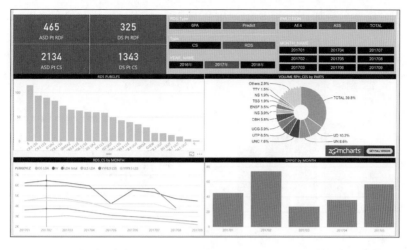

图 12-3

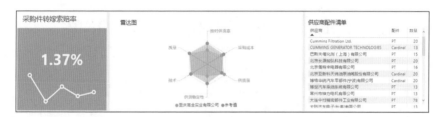

图 12-4

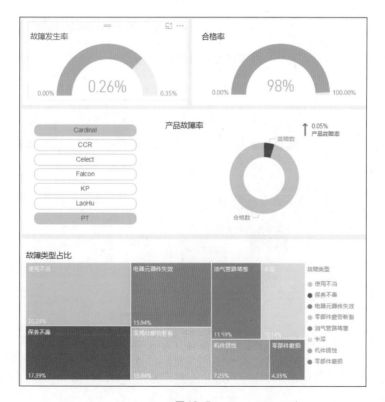

图 12-5

（5）工厂合格率分析如图 12-6 所示，用到的 Power BI 可视化对象有 KPI、AsterPlot、折线和簇状柱形图。

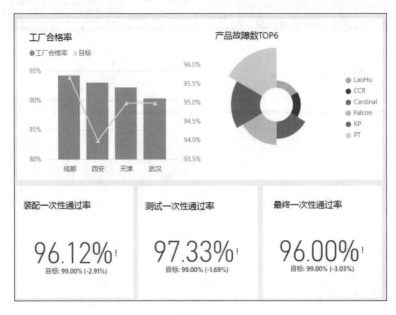

图 12-6

（6）售前失效分析如图 12-7 所示，用到的 Power BI 可视化对象有切片器、表、柱形图、饼图、矩阵。

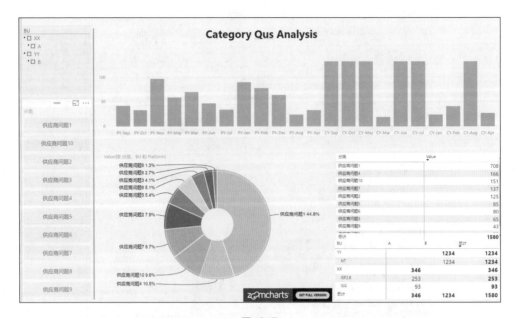

图 12-7

Power BI 必须联网调用微软自家的 Bing 地图，为此根据项目需要，自定义组件开发了离线地图，并且通过颜色的深浅变化来展现数据的差别。

12.4 制造行业Power BI报表实战演练

双击本书第 12 章 12.4 节的配套演示文件 "制造业 demo.pbix"，Power BI Desktop 启动，界面右侧是可视化区、字段区，中间是空白画布的报表作图区。新增一个报表空白页，然后右键单击 "重命名页"，将该页报表名称修改为 "生产质量分析"，如图 12-8 所示。

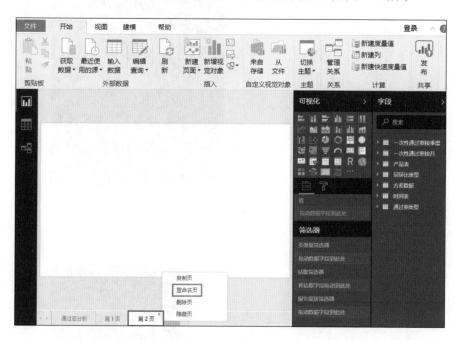

图 12-8

在可视化效果窗格中，单击 "切片器"，同时将 "产品表" 中的 "部门" 字段拖曳到字段位置，如图 12-9 所示。

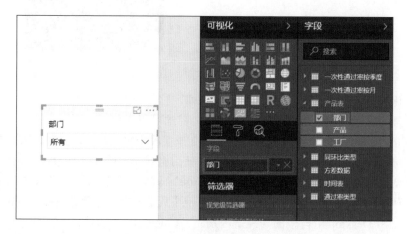

图 12-9

通过可视化效果窗格的 "格式" 部分，使用格式设置选项，将背景颜色设置为 #FFF，透明度设置为 0%，如图 12-10 所示。

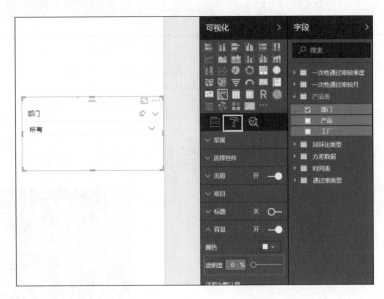

图 12-10

重复上述步骤，分别添加"工厂"与"产品"2 个切片器，结果如图 12-11 所示。

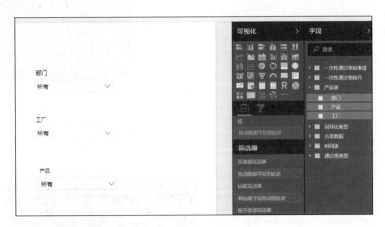

图 12-11

在可视化效果窗口中，单击"HierarchySlicer"，它是一个树形状的筛选器。它属于自定义视觉对象，需要去微软的 AppSource 下载自定义视觉对象文件 .pbiviz，并将其导入 Power BI Desktop。同时将"时间表"中的"年"与"月"2 个字段拖曳到 Fields 位置，如图 12-12 所示。

通过"可视化效果"窗格的"格式"部分，使用格式设置选项，将 HierarchySlicer 切片器的背景颜色设置为 #FFF，透明度设置为 0%，"Title"设置为"年 - 月"，如图 12-13 所示。

在可视化效果窗格中，单击"ChicletSlicer"，这又是一个具有筛选功能的自定义可视化对象。和 Power BI Desktop 中自带的切片器区别是，Chiclet Slicer 的切片器可以呈现图片按钮，以及不同选择状态下按钮的颜色的多样性。如果你不打算在 Chiclet Slicer 切片器中加入图片，那么只需要将用于筛选的字段拖入 Category 中，即可生成对应切片器。这里将"通过率类型"表的"通过率类型"字段拖曳到 Category 位置，如图 12-14 所示。

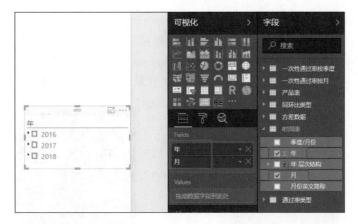

图 12-12

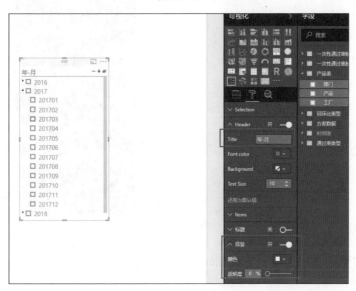

图 12-13

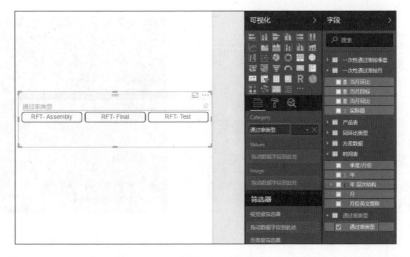

图 12-14

然后对这个切片器的格式做美化，将"Header"设置为关闭，"Text Size"设置为 10，"Selected Color"设置为 #009388，"over Color"设置为 #009388，"Unselected Color"设置为 #34C6BB，"Disabled Color"设置为 # FFFFFF，"Outline Color"设置为 # FFFFFF，"Text color"设置为 # FFFFFF，"背景"的颜色设置为 #E6E6E6，背景透明度设置为"0%"，如图 12-15 所示。

图 12-15

在可视化效果窗格中，单击"KPI Indicator"，将"一次性通过率"中的"实际值"字段拖曳到 Actual value 位置，同时将"时间表"中的"月"字段拖曳到 Trend axis 位置，如图 12-16 所示。

图 12-16

鼠标移动到"Actual value"中的"实际值"所在区域，然后右键选择重命名，将指标重命名为"当月一次性通过率"。对图表用格式设置，将"标题"设置为关，"KPI Colors"中的"None"颜色调整为#019FB8，将背景透明度调整为0%，如图12-17所示。

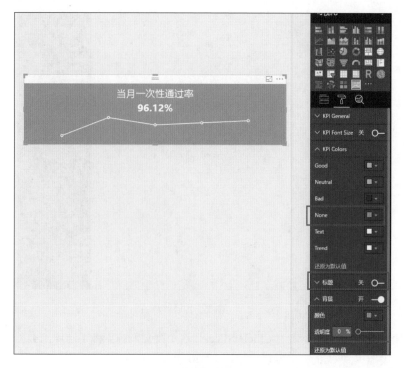

图12-17

在可视化效果窗格中，单击"KPI Indicator"，将"一次性通过率按月"表的"当月同比""当月环比""当月目标"字段拖曳到字段位置，如图12-18所示。

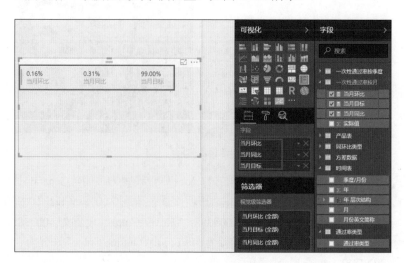

图12-18

通过格式设置美化图表，将可视化对象的标题设置为关，背景颜色设置为#FFF，将背景透明度设置为0%，边框颜色设置为#019FB8，卡片图的"显示数据条"设置为关闭，"类别标签"和"数据标签"颜色设置为 #019FB8，字体大小设置为 15，将"当月环比""当月同比""当月目标"字段名称分别重命名为"环比""同比""目标"，结果如图 12-19 所示。

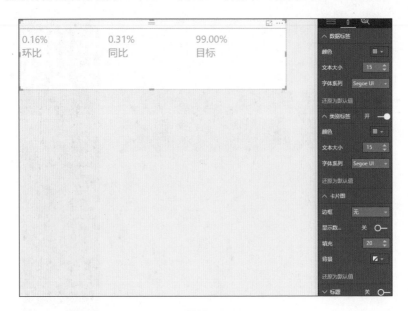

图 12-19

在可视化效果窗格中，单击"ChicletSlicer"这个视觉对象，将"同环比类型"表中的"同环比类型"字段拖曳到 Category 位置，如图 12-20 所示。

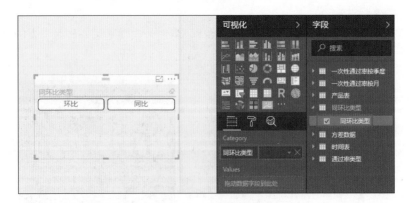

图 12-20

通过格式设置美化图表，将可视化对象的 Header 属性设置为关闭，General 中的"Columns"属性设置为 1，背景的颜色属性设置为 #FFF，透明度属性设置为 0%；Chiclets 中的"Text Size"属性设置为 10，"Selected Color"设置为 #009388，"Hover Color"设置为 #009388，"Unselected Color"设置为 #34C6BB，"Disabled Color"设置为 #FFFFFF，"Outline Color"设置为 # FFFFFF，"Text color"设置为 #FFFFFF，如图 12-21 所示。

在可视化效果窗格中，单击"折线和簇状柱形图"，实际值和目标用柱形图，同环比用折线图。由于折线太多看起来杂乱无章，所以我们把同环比做成一根折线，通过切片器来筛选"同比"或者"环比"。将"一次性通过率按季度"表的"目标""实际值"字段拖曳到列值，将"同环比"字段拖曳到行值，将"时间表"表"季度/月份"字段拖曳到共享轴，如图 12-22 所示。

图 12-21

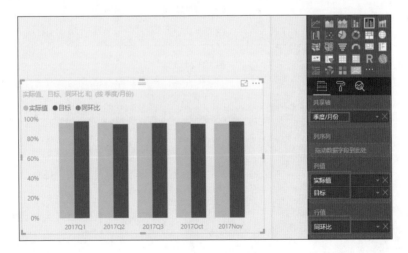

图 12-22

通过美化图表格式，将标题文本设置为"一次性通过率(按季度 & 月份)"，字体颜色设置为 #000000，文本大小设置为 12，背景颜色设置为 #FFF，背景的透明度设置为 0%。图例的位置设置为底部居中，数据颜色中的"同环比"颜色设置为 #8C6697，"实际值"的颜色设置为 #01B8AA，"目标值"的颜色设置为 #F5D33F，如图 12-23 所示。

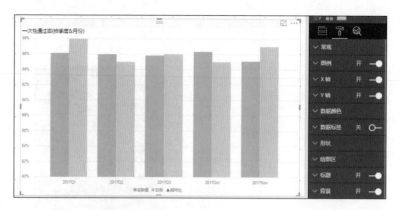

图 12-23

将所有图表排列布局，最终效果如图 12-24 所示。

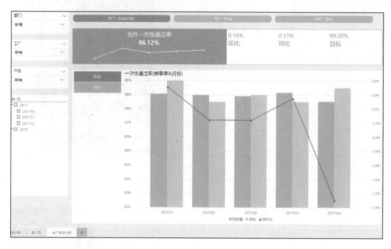

图 12-24

第13章　Power BI 可视化字典

微软 Power BI 拥有完全开放的自定义图表开发社区，来自全球各地的开发者将自己的作品提交至应用商店供所有用户下载，这些控件大大扩充了选择的余地、丰富了报告的可视化效果。而作为一个企业的数据分析专员，在数据可视化实践中经常遇到如下困扰：不知道用哪类图表更适合表达数据的含义、苦苦摸索图表功能、图表更新无从知道等。想必各位已经迫不及待地想上手操作 Power BI Desktop 了。我们现在就来介绍一个由 Power BI 极客创始人高飞开发的报表辅助开发工具——Power BI 可视化字典，它能帮助各位提高学习的效率。

13.1　可视化过程中遇到的问题

数据分析的流程如同一条长长的链条，越靠近终端，受重视程度就越高。可视化恰好位于靠近终端的位置，它始于数据，终于图表。这个看似简单的过程并不容易，究其原因，成功的数据可视化设计需要多方面的综合能力：软件的功能、对图表的理解、可视化原理乃至平面设计知识。对理论知识的探究不在本书的讨论范围内，但掌握 Power BI Desktop 可视化相关功能和恰当使用图表的知识，则是每位使用者必备的技能。

Power BI 有庞大的自定义图表库，但缺乏像 Tableau 那样实用的图表推荐系统（智能感应），用户面对上百种图表很容易陷入选择困难，更不必说图表分类不全、缺少中文描述等问题。

现阶段如何高效地解决以上问题？Power BI 可视化字典就是这样一个开发报表的精灵助手，让用户可以通过交互找到自己想要的答案。就像搜索引擎、导航网站那样，输入一个关键词或点几下鼠标就能找到需要的图表和功能。这个可视化字典既能索引查图表，又能从零上手做图表，如图 13-1 所示。这是一个视频教程和图表索引工具的完美结合，它可以帮助那些想要节约作图时间、提高工作效率的 Power BI 使用者和数据可视化爱好者。

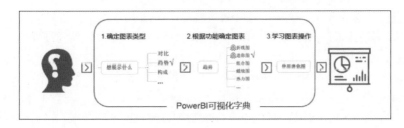

图 13-1

13.2　Power BI可视化字典介绍

每个人学习的过程中都用过字典。它内容全面、易于检索，是提高学习效率的必备工具，这也是 Power BI 可视化字典的功能定位。

13.2.1　内容储备

字典收录所有可视化相关操作，按功能分类录制视频，包含基础功能视频、图表功能视频、图表操作视频。基础功能视频介绍层级、钻取、书签等功能；图表功能视频介绍图表格式设置，如坐标轴、数据标签、图例等；图表操作视频介绍酷炫图表制作。

每个视频都包含以下 3 部分：

操作演示：如何从零开始一步步完成所有设置。

关键说明：需要注意的事项，给出文字提示。视频中的绿色背景文字为功能描述，红色背景为特别注意，比如目前存在的 Bug 或功能局限。

情景案例：演示该功能应用案例，并提供案例源文件下载。简单功能如坐标轴设置不再另外提供案例。

所有图表建立档案，如图 13-2 所示，为推荐使用的图表录制视频教程，用最少的时间掌握图表库中的优质图表，不必自己花时间摸索，只要跟随视频即可快速上手。教程内容同样包含操作演示、关键说明和情景案例，其中不乏一些实用价值很高的操作技巧，例如自定义筛选器成员数量、不规则层级的处理和播放多媒体文件等。

图 13-2

每个图表类教程的开头，会给出最终效果展示，如图 13-3 所示，可以大致了解当前图表在视觉层面是否满足你的需要，之后可以继续播放图表教学视频以了解详细操作，也可以转而搜索其他图表，显著提高了使用效率。

为了保证图表库的全面性，字典中补充了付费图表 Zoomcharts 和未被微软商店收录的图表，如图 13-4 所示。付费图表 Zoomcharts 由 Zoomcharts 公司开发，全套 4 件，包含趋势图、柱形图、圆环图和网络图，提供无缝的钻取方式并配以流畅的动画效果，可以在更少的画布上展示更多的数据；允许用户在折线图、面积图、堆积柱形图和饼图等多种图表类型之间切换；

包含丰富的自定义设置项，支持使用中文字体，并且还收录了优秀的可视化案例文件，并列出控件和案例源文件，供大家学习下载。

图 13-3

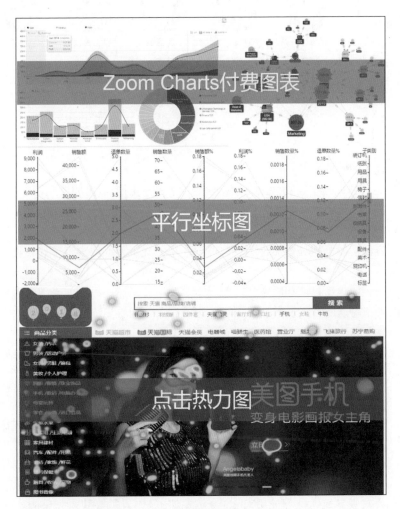

图 13-4

13.2.2　便捷的查询

　　虽然内容储备是基础，但如果不能快速检索，仍然谈不上高效工具。目前，微软提供的图表搜索途径是应用商店，虽然可以从上面找到所有图表，但用起来不是很方便，如图表分类少、不能按更新时间排序、不支持中文搜索、没有图表推荐系统，这些影响了使用体验。可视化字典工具提供更多实用且高效的图表查询方式，首先引入图表分类和推荐规则，在此基础上将图表库扩充至最新并且每周更新。图表分类由 9 个扩充至 11 个，加入筛选器和其他图表两个类别，基于国内使用体验调整了一些图表的推荐优先级，并汉化所有功能描述。

　　完善和新增多种查询方式：

　　（1）按类型搜索图表。

　　数据通常包含这几种关系：部分与整体、比较、趋势、分布、排名等，如图 13-5 所示，什么样的数据配什么样的图表。

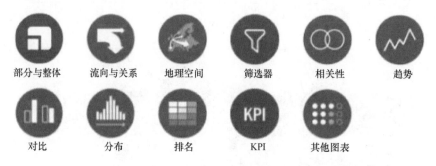

部分与整体　　流向与关系　　地理空间　　筛选器　　相关性　　趋势

对比　　分布　　排名　　KPI　　其他图表

图 13-5

　　（2）按关键字搜索图表。

　　搜索中英文名称关键字、功能关键字，快速定位目标图表。比如瀑布图、钻取、双 Y 轴、四象限等。

　　（3）按功能搜索图表。

　　按展示内容和功能分为浏览器、图表型、图片型、文字型、叙事型等 6 种类型，便于快速定位同类图表。

　　抓取每个图表的更新日期和版本号，使版本更新一目了然。为了便于国内用户使用，汉化了包含系统图表在内，所有图表的功能描述，让所有人都能看懂。所有图表的源文件和案例文件，向学员开放下载。

13.2.3　图表查询与视频教程深度绑定

　　如图 13-6 所示，借助功能导航，图表信息与视频教程绑定，搜到图表后单击教程链接可以直达网易云课堂"Power BI 可视化字典教程"学习具体操作，索引系统与教程合二为一。图表与商店链接绑定，单击直达详情页面，导航内提供免登录一键下载控件和示例文件。

　　功能视频每月软件更新，图表视频不定期更新，功能导航每周同步商店图表信息。Power BI 可视化字典功能提供公共版和学员版。公共版已经包含了很多实用功能，您可以从 PC 端访问网址来打开公共版导航（推荐使用 Chrome 浏览器）。如果需要获得完整版本的导航和所有视频教程，凭本书的实拍照片，上传至公众号"Power BI 极客"，即可以获得学员版99元优惠券。当你设计 Power BI 仪表盘，想省时、省力，这个可视化字典是一个非常棒的辅助设计工具！

图 13-6